전자부품장비의
강소기업

전자 부품 장비의 강소기업_ 보이지 않는 곳에서 혁신을 창출하다

2011년 9월 5일 초판 1쇄 발행
지은이 김영배

펴낸이 이원중 **책임편집** 김찬 **디자인** 박선아 **출력** 경운출력 **인쇄 · 제본** 상지사
펴낸곳 지성사 **출판등록일** 1993년 12월 9일 **등록번호** 제10 - 916호
주소 (121 - 829) 서울시 마포구 상수동 337 - 4 **전화** (02) 335 - 5494~5 **팩스** (02) 335 - 5496
홈페이지 www.jisungsa.co.kr **블로그** blog.naver.com/jisungsabook **이메일** jisungsa@hanmail.net
편집 주간 김명희 **편집팀** 김찬 **디자인팀** 정애경

ⓒ 김영배, 2011

ISBN 978 - 89 - 7889 - 242 - 1 (04560)
　　　89 - 7889 - 095 - 4 (set)

잘못된 책은 바꾸어드립니다. 책값은 뒤표지에 있습니다.

이 도서의 국립중앙도서관 출판시 도서목록(CIP)은 e-CIP 홈페이지(http://www.nl.go.kr/ecip) 에서 이용하실 수 있습니다. (CIP제어번호: CIP2011003174)

이 시리즈는 **NAEK** 한국공학한림원과 **지성사**가 공학기술 정보 보급과 대중화를 위하여 기획, 발간하였습니다.

전자 부품 장비의
강소기업

김영배 지음

보이지 않는 곳에서 혁신을 창출하다

| 프롤로그 |

한국형 히든 챔피언, 강소기업을 찾아서

우리나라는 지난 반세기 동안 전 세계가 주목할 만한 경제 성장을 이루어 냈고, 몇몇 산업에서는 세계 최고 수준의 경쟁력을 갖추게 되었다. 이에 한국공학한림원에서는 반도체와 휴대폰, 자동차와 철강, 조선, 무선 인터넷 산업 등의 성공 스토리를 심도 있게 분석하여 월드베스트 시리즈를 출간하였다. 그런데 이들 산업의 주역은 모두 대기업이었으며, 중소기업의 경우 그리 주목을 받지 못한 것이 사실이다. 그러나 한 산업의 가치사슬 기업 활동에서 부가가치가 생성되는 과정 활동에는 수많은 부품과 모듈, 소재, 장비 등을 공급하는 중소기업들이 존재하며, 우리 산업이 세계적인 경쟁력을 가질 수 있었던 것도 대기업을 도와 조연 역할을 충실히 해 온 중소기업이 있었기 때문에 가능했다.

우리나라 중소기업은 그동안 정부의 대기업 중심 경제 성장 정책으로 자원 배분에 있어 상대적으로 소외를 받아 왔다. 금융기관의 자금 지원에서부터 고급 인력의 조달에 이르기까지 중소기업은 아직도 많은 어려움을 겪고 있다. 그 결과 사업자 및 고용 측면에서 중소기업이 차지하는 비율에 비해 생산액이나 부가가치 창출 비율은 대기업에 비해 낮은 편이다. <표 1>에서 보는 바와 같이 2008년 현재 우리나라 제조업 분야에서 중소기업의 비중은 업체 수 측면에서는 99퍼센트 이상, 종사자 수 측면에서도 75퍼센트 이상을 차지하고 있다. 반면 중소기업의 생산액과 부가가치 비중은 대기업보다 약간 적은 46퍼센트와 49퍼센트 정도를 각각 차지하고 있다. 수출액 측면에서도 지난 10여 년 동안 중소기업이 40퍼센트 내외를 차지하고 있고, 인당

〈표 1〉 우리나라 제조업에서 중소기업의 위상 변화

		1998	구성비	2008	구성비	1997~2008 (증감)
사업체 수	전체	79,544	100.0	112,576	100.0	33,032
	- 중소기업	78,869	99.2	111,957	99.5	33,088
	- 대기업	675	0.8	619	0.5	-56
종사자 수	전체	2,323,893	100.0	2,796,038	100.0	472,145
	- 중소기업	1,637,638	70.5	2,134,699	76.3	497,061
	- 대기업	686,255	29.5	661,339	23.7	-24,916
생산액	전체	4,250,071	100.0	11,675,967	100.0	7,425,896
	- 중소기업	1,967,958	46.3	5,420,197	46.4	3,452,239
	- 대기업	2,282,113	53.7	6,255,770	53.6	3,973,657
부가가치	전체	1,767,296	100.0	3,848,731	100.0	2,081,435
	- 중소기업	848,903	48.0	1,895,164	49.2	1,046,261
	- 대기업	918,393	52.0	1,953,567	50.8	1,035,174

자료: 중소기업중앙회, 중소기업 위상 지표, 2010. 5

부가가치 비율 면에서도 대기업 대비 40퍼센트 정도밖에 되지 않는다.

정부에서는 이러한 점을 인식하여 중소기업 경쟁력 강화를 위한 각종 지원 정책을 시행해 왔다. 특히 1990년대 말 이후에는 우수한 기술을 가진 벤처기업과 혁신형 중소기업의 창업 및 육성에 중점을 두고 중소기업의 역량 혁신과 국제 경쟁력 강화에 집중적으로 지원하고 있다중소기업청 10년사, 2006. 그 결과 <표 2>에서 보듯이 지난 2003년 벤처기업과 이노비즈INNO-BIZ 기업을 합해 8558개에 불과하던 혁신형 중소기업이 2009년에는 경영 혁신형 중소기업을 포함하여 약 4만 개로 비약적인 성장을 할 수 있었다.

<표 2> 우리나라 혁신형 중소기업 현황 (개)

	2003	2004	2005	2006	2007	2008	2009
혁신형 기업 수	8,558	8,839	10,731	17,014	24,401	32,363	39,086
벤처기업	7,702	7,967	9,732	12,218	14,015	15,401	18,893
이노비즈기업	2,375	2,762	3,454	7,183	11,526	14,626	15,940
경영 혁신형 기업	-	-	-	2,619	6,510	11,324	13,988

주: 혁신형 기업 수는 이노비즈Inno-Biz기업, 벤처기업, 경영 혁신형 기업 간 중복된 업체 제외
자료: 혁신형 중소기업 현황, 중소기업청

이러한 혁신형 중소기업 중에서도 최근 헤르만 지몬Hermann Simon 교수가 제안한 히든 챔피언Hidden Champion에 대한 관심이 높아지고 있다. 비록 작은 틈새시장이라 하더라도 탁월한 기술력과 글로벌 마케팅 역량을 바탕으로 높은 세계 시장 점유율을 차지하고 있는 히든 챔피언은 우리 중소 벤처기업이 앞으로 지향해야 할 모델로서 주목받게 된 것이다. 이에 따라 중소기업청뿐 아니라 여러 관련 정부기관이나 언론사, 금융기관 등에서 한국형 히든 챔피언인 글로벌 강소기업의 발굴 육성 및 지원책을 연일 발표하고 있다. 우수한

기술력을 바탕으로 세계 시장에서 탁월한 성과를 올리고 있는 글로벌 강소기업의 특징은 그동안 한국공학한림원에서 월드베스트 시리즈를 통해 세계 시장을 석권한 여러 제품과 기업을 소개한 취지와 일맥상통한다.

이에 따라 한국공학한림원에서는 세계적인 경쟁력과 이를 뒷받침하는 기술력을 가진 우리나라의 글로벌 중소기업을 발굴하여 월드베스트 시리즈에 산업별 강소기업을 소개하게 되었다. 이 책은 그 첫 번째 시도로 우리나라 경제에서 차지하는 비중도 높을 뿐 아니라 세계적인 경쟁력을 가지고 있는 전자 산업을 대상으로 월드베스트 강소기업 사례를 소개하고자 한다.

이 책에서는 이들 강소기업이 어떻게 기술력을 축적해 왔으며 세계 시장에 진출하기까지 어떤 전략과 노력을 전개하였는지 짚어 보고, 이 과정에서 성공의 핵심 요인이 무엇이었는지를 밝힘으로써 다른 중소기업 경영자들에게 전략적 시사점을 제공하고자 한다. 또 이공계 학생들에게 자신의 꿈과 비전을 대기업이나 연구소, 대학뿐 아니라 중소기업의 창업과 성장을 통해서도 달성할 수 있다는 대안을 제시하고 싶었다. 나아가 정부 정책 결정자들에게는 이들 월드베스트 강소기업들의 창업과 성장, 그리고 기술 개발과 국제화 과정에서 어떤 어려움이 있었는지 설명하고, 이를 극복하는 데 도움이 될 수 있는 정책 대안이 무엇인지를 제안하고자 하는 의도도 있다. 마지막으로 우리나라 중소기업의 선진기업 추격 과정과 한 걸음 더 나아가 탈추격 과정을 연구하는 연구자들에게도 강소기업들이 겪고 있는 구체적인 사례와 새로운 혁신 패턴을 소개함으로써 새로운 이론을 개발하는 데 작은 도움이 되었으면 하는 바람이다. 물론 첫술에 배부르기는 어렵겠지만 앞으로 자동차나 화학, 바이오 등 다양한 산업 분야의 월드베스트 강소기업들을 계속해서 소개함으로써 이러한 목적이 달성될 수 있기를 기대한다.

끝으로 이 책이 출간되기까지 많은 분들의 헌신적인 지원과 도움이 있었다. 한국공학한림원에서 중소기업에 대한 관심을 갖고 월드베스트 강소기업 시리즈를 시작하지 않았더라면 이 책은 출간되기 어려웠을 것이다. 출판위원회의 이종희 위원장님과 여러 위원분들의 지원에 감사를 드리며 특히 간사로서 물심양면으로 여러 가지 지원을 아끼지 않은 이유정 씨께 감사의 말씀을 전한다. 그리고 귀찮은 인터뷰 자료 정리와 인터넷을 통한 각종 기사 자료를 취합하고 필요한 통계 자료를 수집, 정리해 준 강신형 군과 권인선 양의 노력에도 감사의 뜻을 표한다. 그러나 무엇보다도 바쁜 시간을 쪼개어 인터뷰와 자료 협조를 해 주신 아모텍의 김병규 사장님과 이오테크닉스의 성규동 사장님, 알에프세미의 이진효 사장님, 그리고 아이디스의 김영달 사장님을 비롯한 회사 관계자 여러분께 심심한 감사를 드린다. 마지막으로 지성사 김찬 씨와 편집에 수고해 주신 분들께도 감사의 말씀을 전한다. 이 책을 시작으로 앞으로 출간되는 월드베스트 강소기업 시리즈를 통해 여러 산업에서 세계 최고의 기업으로 발전하고자 노력하는 강소기업들이 많이 소개됨으로써 우리나라에서도 세계적으로 자랑할 만한 히든 챔피언들이 많이 배출되기를 진심으로 기원해 본다.

2011년 8월 30일 김영배

| 목차 |

프롤로그- 한국형 히든 챔피언, 강소기업을 찾아서 4

제1장 한국 경제의 새로운 미래, 강소기업 11

    중소기업에서 시작된 대기업

    대기업과 중소기업에 대한 이해

    강소기업과 벤처기업

    한국 경제의 새로운 미래, 강소기업

제2장 전자 산업 4대 강소기업 성공 분석 24

    강소기업 선정 기준과 절차

    강소기업 연구의 목적과 방법

    1. 아모텍Amotech: 전자 부품 중소기업의 숨은 보석 31

        - 아모텍의 시작과 미래, 칩 바리스터

        - 아모텍의 창업 스토리

        - 성장하는 강소기업, 아모텍

        - 아모텍의 비전과 조직

    2. 알에프세미RFSemi: 휴대폰 강국의 보이지 않는 주역 68

        - 알에프세미의 시작과 미래, ECM 칩

        - 알에프세미의 창업 스토리

- 알에프세미의 도약 - 사업 다각화

- 또 다른 성공의 원동력, 인재와 비전

3. 이오테크닉스 EOTechnics: 레이저 장비 업계의 '히든 챔피언'   112

- 레이저 장비 업계의 '히든 챔피언'을 꿈꾸다

- 이오테크닉스의 창업 스토리

- 이오테크닉스 비전과 조직

4. 아이디스 IDIS: 보안용 DVR의 선두 주자   152

- 보안용 영상 저장 장치, DVR

- 아이디스의 창업 스토리

- 아이디스의 성장 과정

- 아이디스의 비전과 조직 문화

제3장 강소기업 성공의 맥脈을 찾아서

- 무엇이 그들을 강하게 만들었나   192

세계 1등 업체로의 도약 원인: 기업 내부 요인

강소기업 육성을 위한 외부 요인

에필로그 대한민국 강소기업, 세계로 미래로   209

참고문헌   214

한국 경제의 새로운 미래, 강소기업

중소기업에서 시작된 대기업

현재 우리가 알고 있는 대기업들도 창업 당시에는 모두 조그만 소규모 기업에서 출발했다.

즉 중소기업은 대기업의 모체이자 출발점이며, 기업 자체를 사람의 삶에 비유하자면 유년기 내지는 청년기에 해당할 것이다. 백년대계를 세울 수도 있고, 질풍노도의 시기를 보내는 것도 이때인 셈이다.

대한민국을 대표하는 글로벌 기업 삼성도 선대 회장인 고 이병철 회장이 3만 원의 자본금으로 대구시에 '삼성상회'라는 간판을 내걸고 사업을 시작한 것에서 출발했다. 초기에는 국내 각지에서 생산된 건어류와 청과류를 만주와 베이징 등에 수출하는 일로 시작하였으며, 제분 및 직물 기계를 설치해 제조와 판매 활동을 펼치다가 1948년 활동 무대를 서울로 옮겨 '삼성물산공사'를 설립하고 본격적인 무역업을 시작하며 대기업의 틀을 다졌다.

SK는 1953년 전쟁의 잿더미 속에서 재조립한 15대의 직기에서 출발하였다. 창업 초창기에 닭표 안감, 봉황새 이불감, 곰보 나일론으로 이어지는 히트 상품을 내놓으며 직물업계를 선도하여 대기업으로 가는 발판을 닦았다.

이처럼 한국 경제의 미래를 예측하기 위해서는 대기업과 중소기업의 탄생과 그 역학 구조에 대한 이해가 먼저 필요하다고 할 것이다.

대기업과 중소기업에 대한 이해

대규모의 생산 자본과 판매 조직을 갖추고 있어서 경제뿐만 아니라 한 나라의 사회·문화에도 큰 영향을 끼치는 대기업은 그동안 우리 경제 성장의 원동력이었다. 이들이 가진 거대한 자본력은 고도의 기술과 최신 설비의 채용을 가능하게 하였고, 세계 시장 진출을 통해 우리 제품의 경쟁력을 높이는 데 지대한 공헌을 하였다.

이와 대조되는 중소기업의 특성은 그 존립 분야가 광범하다는 데 있다. 중소기업은 대기업과 관련된 업종뿐만 아니라 생산재와 소비재의 생산, 판매, 수송, 서비스업 등 국민 경제의 광범한 분야에서 높은 비중을 차지하고 있다. 그렇게 대기업을 보완하거나 또는 대기업이 담당하지 않는 분야를 담당함으로써 중요한 역할을 한다. 독립 존속형 중소기업도 있기는 하지만 대부분의 중소기업은 대기업 공급사슬의 한 부분을 담당하는 수직 계열 관계 속에서 대기업의 영향력을 받게 된다. 이러한 관계는 대기업과 중소기업 간의 대등한 거래를 어렵게 만들고 때로는 하청기업으로서 종속적인 위치에 머무르게 하기도 한다.

중소기업은 대기업에 고용되지 않은 노동력을 비교적 저임금으로 흡수, 활용한다. 또 지방의 노동력을 고용하고 금융, 원재료, 제품 시장 측면에서도 지역성이 강하다. 이를 바탕으로 중산층의 경제적 기초를 형성하여 사회 안정에 기여한다.

중소기업은 생산과 부가가치, 고용 면에서 그 비중이 막중하고 국가 경제 성장의 기반이 되고 있다. 1980년대 들어와 정부의 집중적인 중소기업 육성 시책 추진과 중소기업인의 자체적 노력에 의해 우리 경제에서 차지하는 비중 또한 지속적으로 높아지고 있다.

중소기업은 산업 구조를 고도화시키고 산업 간 또는 지역 간 균형적인 발전을 가져온다는 측면에서도 중요하다. 업종별, 지역별로 다양하게 분포되어 중화학 공업과 경공업, 수출 산업과 내수 산업, 그리고 도시와 농촌 산업 간의 균형적 발전을 가져올 뿐만 아니라 기업 간 분업, 대기업과의 계열화 및 전문화를 통하여 산업의 전후방 파급 효과를 높이고 산업 간 상호 관계를 더욱 밀접하게 한다.

또 이들은 직접 수출을 담당하거나 대기업 등 다른 기업들과의 공급사슬 관계 속에서 대기업의 수출에 기여함으로써 외화 획득에 공헌하기도 한다. 창의적인 아이디어로 새로운 산업을 개척함으로써 산업의 질적 확대를 가져오고 기술 개발자로서 역할을 담당하며, 혁신적인 개발과 기업화를 통하여 생산성과 품질의 향상을 가져옴으로써 국제 경쟁력 강화에 기여한다.

이들은 대기업과는 달리 변화하는 기업 환경에 비교적 탄력적으로 대처하여 경쟁력을 제고시키는 능력을 가지고 있다. 기업은 수요나 시장 조건의 변화 등 항상 변하는 국내외적 상황 변화에 민첩하게 대응해야 한다. 대기업이 시설 투자 규모나 조직의 방대함으로 인하여 신축적인 경영 체제의 변화가 쉽지 않은 데 반해, 중소기업은 시설 규모가 작고 기동성이 있기 때문에 환경 변화에 신축적으로 대처하는 적응 능력을 가질 수 있다.

다시 말해 중소기업은 자본보다 인력에 의존함으로써 높은 유연성을 가질 수 있고, 특유의 미래 지향적이고 도전적인 조직 분위기를 바탕으로 새로운 혁신을 추구할 수 있다는 장점이 있다. 대부분의 성공한 중소기업 경영자들은 성장에 관심이 많으며, 혁신적 행동과 미래 지향적인 목표를 추구하는 경향이 있다. 또 중소기업 특유의 가족적이고 친밀한 분위기 때문에 상호 협력이 용이하며, 대기업에 비해 원활한 노사 관계를 유지할 수 있다.

물론 중소기업에는 대기업과는 다른 형태의 경영상 애로 요인이 많이 존재한다. 일반적으로 중소기업의 경영에 영향을 끼치는 문제는 크게 자금난과 인력난, 기술 부족, 대기업과의 거래 관계 그리고 경쟁 심화 등을 들 수 있다. 중소기업은 대기업과 달리 전문 인력의 확보가 어렵기 때문에 경영에 관한 모든 결정을 경영자 한 사람에 의존하게 되는 경향이 강하다. 따라서 경영자의 능력은 가장 중요한 변수 중 하나가 된다. 더구나 요즘처럼 기업 환경이 빨리 바뀌고 다량의 정보가 넘쳐흐르는 상황에서는 매 순간 살아남을 수 있는 경영자의 합리적 판단 능력이 더욱 중요하다. 이런 경영자의 능력은 자금 관리 및 동원 능력, 인력 관리, 영업, 적절한 투자 결정과 투자 시기에 대한 판단 등으로 세분화될 수 있을 것이다.

우리는 대부분 중소기업의 부도 원인으로 자금 부족이나 무리한 시설 투자를 꼽지만, 사실 엄밀히 따지고 들면 이것은 모두가 경영자의 판단에 의한 결과일 뿐이다. 시장을 잘못 해석하고 그릇된 투자 결정을 내리면 충분한 여유 자원을 갖지 못한 중소기업은 결국 부도가 나기 마련이다. 해외 시장에 진출했지만 판매 부진으로 대규모 적자가 발생하거나, 특별 수요가 있을 것이라고 판단해서 대규모 공장을 건설했지만 수요가 예상만큼 발생하지 않고 가동률이 저하되거나, 경쟁력에서 다른 회사에 뒤지는 상황에서 과잉 시설 투자를 감행하는 것도 대표적인 경영자의 판단 착오라고 할 것이다.

중소기업의 금융 관련 애로 사항은 자금 부족, 담보 부족과 신용 대출의 어려움, 적기 차입의 어려움, 과다한 금융 비용, 어음 결제 등이 있다. 자금이 필요한 때에 대출받지 못해 대부분의 기업들이 적게는 매출액의 4퍼센트에서 많게는 10퍼센트까지를 연간 금융 비용으로 부담하고 있는데, 기업이 고유하게 개발한 기술이나 노하우는 대출과 관련해서 큰 도움이 안 되는 것이 보통이다. 이 부분과 관련하여 생겨난 것이 바로 기술과 같은 무형 자산을 가지고 있으며 성장이 가능한 기업을 평가해서 지원하는 기술보증기금이나 벤처캐피털이다.

중소기업에서 부족한 인력은 단순 노동 인력뿐만 아니라 숙련된 기능 인력, 기술 인력 등 분야별로 다양하다. 그 이유는 중소기업이 상대적으로 임금이나 근로 조건, 작업 환경에서 열위에 있기 때문이다. 이 문제는 파트타임이나 해외 인력을 이용하여 일부 대응하고 있으나 지속적이지 않다는 한계성을 지닌다. 또 자동화 설비를 통해 인력 부족을 해소하는 곳도 있으나 이는 중견기업에 해당하며 소기업은 작업의 성격, 투자 여력 측면에서 볼 때 아직 요원한 실정이다. 기술 인력의 부족 문제는 현재 병역특례제도로 도움을 받고 있기는 하지만 그나마 특례 기간의 만료와 함께 다른 대기업이나 연구소로 전직하는 경우가 다반사이다. 제품의 국제 경쟁력을 확보하기 위해 가장 기본적이고 중요한 조건 중 하나가 바로 국제화된 마인드를 가지고 있는 인재의 확보라고 할 수 있다. 중소기업일수록 세계 시장을 개척할 수 있는 인재의 중요성은 더욱 강조되고 있지만 처우나 교육 프로그램, 해외 연수 등의 시스템이 대기업과 비교해 떨어지거나 아예 없는 경우가 대부분이라 이도 쉽지 않다.

무엇보다 중소기업을 대기업과 상생하면서 존립하게 하는 가장 뚜렷한 변별점은 기술일 것이다. 일례로 우리나라 전자 부품 산업에 속한 중소기업의 전략 유형을 살펴보면 대체로 4가지로 구분할 수 있다. 독자적인 시장을 확보하거나 원천 기술을 보유하고 대기업과 대등한 거래 관계를 유지하는 혁신형 중소기업이 있는가 하면 고객이 되는 기업과 밀접한 관계를 유지하고 기존 제품을 고객의 취향에 맞게 변형하거나 고객이 원하는 새로운 제품을 추가하여 영업을 하는 마케팅 중심의 중소기업도 있다. 한편 제조 기술을 개량하여 품질을 높이는 동시에 원가를 절감하는 방식을 택하는 생산 중심의 중소기업과 특별한 역량 없이 낮은 인건비를 기반으로 임가공에 집중하는 낙후된 중소기업도 있다. 1990년대 중반까지는 이처럼 다양한 유형의 기업들이 나름대로 생존을 추구할 수 있었으나 기술과 시장의 변화가 급속해지고 중국 등 후발 개도국의 부상으로 경쟁이 치열해지면서 혁신형 중소기업을 제외하고는 점차 경쟁력을 잃어가고 있는 것이 현실이다. 그나마 자체 기술을 보유한 혁신형 중소기업은 성장 가능성이 높고, 상당한 정도로 대등한 관계에서 대기업과 계약이 이루어지며 수출 경쟁력을 유지하고 있지만 대부분의 중소기업은 아직도 대기업과의 거래 유지를 위해 제조 기술을 개량하여 원가를 절감하는 수준에 머무르고 있다.

독자적인 기술을 보유한 기업은 중소기업으로서 상당히 경쟁력을 확보하고 있는 기업으로 평가된다. 하지만 이들 역시 국제화로 인해 시장 및 제품이 개방되면서 후발 개도국의 추격으로부터 경쟁력을 확보하기 위해서는 지속적으로 기술 혁신을 꾀하지 않으면 안 된다. 그러나 전문 기술 인력이 부족하고 비용이 많이 드는 기술 개발에 투자를 하기에는 현실적으로 어려움이 많아 경쟁력 확보에 위기감을 느끼고 있다.

강소기업과 벤처기업

세계적으로 강소기업이라는 범주화의 기준이 확실히 있는 것은 아니다. 다만 독일 경영학자 헤르만 지몬Hermann Simon이 처음으로 규모는 작지만 강한 기업으로서 '히든 챔피언숨은 강소기업'을 분석하면서 나름의 조건이 생겨났다고 보는 편이 맞을 것이다Simon, 1996. 지몬 교수는 히든 챔피언 기업의 선정 조건으로 ▲ 세계 시장에서 1~3위를 차지하거나 대륙에서 1위를 차지 ▲ 매출액은 40억 달러 이하 ▲ 대중에게 알려져 있지 않은 기업 등 3가지를 들었다. 히든 챔피언의 목표는 세계 시장에서 1등이 되고, 이를 유지하는 것이다. 히든 챔피언 기업의 공통된 특성은 다음과 같다.

먼저 한 분야의 전문가로 시장을 좁게 정의하고 있으며 세계화에 공을 들인다. 또 아웃소싱을 하되 연구 개발R&D, Research and Development 등 핵심 역량은 직접 수행한다. 고객 친밀성이 높아 VIP 고객들과 밀접한 관계를 구축하고, 직원에게 일체감과 동기를 부여하는 기업 문화를 가지며, 경영자는 기본 가치를 중시하고 직원들은 장기 재직하는 경우가 많다.

이와 비교하여 과연 대한민국의 월드베스트 강소기업의 특징은 무엇인지 살펴볼 필요가 있다. 이 책에서는 우리나라 전자 산업에 속한 월드베스트 강소기업이 어떻게 창업을 하고 성장을 하였는지 알아보고, 작지만 세계적인 경쟁력을 갖게 된 성공 요인이 무엇인지 4개 사례 기업의 심층적인 분석을 통해 도출하고자 한다.

본격적으로 월드베스트 강소기업을 분석하기 전에 과연 강소기업이 벤처기업이나 혁신형 중소기업 등 유사한 용어와 어떤 차이가 있는지를 살펴볼 필요가 있다. 일반적으로 벤처기업이란 첨단의 신기술과 아이디어를 개발하여 사업에 도전하는 창조적인 중소기업으로 한국에서는 연구 개발형 기업, 기술 집약형 기업, 모험 기업 등으로도 부른다. 웹스터 사전에서는 "벤처"란 "위험 부담을 지닌 행위 또는 불확실한 결과를 가져오는 일"이라고 정의하고 있으며, 우리나라 벤처기업협회는 "개인 또는 소수의 창업인이 위험성은 크지만 성공할 경우 높은 기대 수익이 예상되는 신기술과 아이디어를 독자적인 기반 위에서 사업화하려는 신생 중소기업"으로 정의하고 있다.

이런 벤처기업을 설립하기 위해 반드시 필요한 3가지 요소라고 한다면 신기술, 창업 자본, 전문 경영인이 될 것이다. 따라서 벤처기업의 창업 형태도 이들 3가지 요소가 어떻게 결합되었는가에 따라 나눌 수 있다. 벤처기업의 전형적 형태인 독립형 벤처기업은 첨단 기술을 확보한 창업자가 대기업, 대학 및 연구소에서 독립해 벤처캐피털과 결합하는 것이다. 벤처캐피털 회사는 창업자가 갖고 있는 특허나 노하우 등의 기술력을 평가한 후 투자를 하며, 벤처 창업자에게 취약한 영업이나 경영, 기술 지도 등을 지원하는 것이 보통이다. 이는 현재 대한민국 강소기업의 탄생 초기 과정의 기업 형성 방식과도 많이 일치한다. 반면 기존 중소기업이 오랫동안 한 분야의 기술을 지속적으로 개발, 발전시킴으로써 혁신형 중소기업으로 거듭나기도 한다. 이 밖에 창업자는 기술 개발에 주력하고 경영은 전문 경영인을 영입하여 진행하는 전문형 벤처기업도 있고, 대기업이 사내에 벤처캐피털을 조성하여 기업 내부의 종업원이 개발한 기술이나 아이디어로 벤처 창업을 하게 하는 형태인 사내형 벤처기업도 있다.

벤처기업은 발달 단계에 있어서도 생성부터 발전, 성장에 이르기까지 강소기업과 그 흐름을 같이하는 부분이 많다. 벤처기업은 기술 집약적 중소기업의 형태로 출발해 전문 대기업으로 성장하는 경로를 추구하게 된다. 이러한 벤처기업의 발전 단계는 학자에 따라 각기 다르게 분류하고 있지만, 일반적으로 연구·개발 단계, 창업 단계, 성장 단계, 확장 단계, 성숙 단계 순으로 진행되는 것으로 알려져 있다. 하지만 상황에 따라 벤처기업의 성장 단계는 선형적으로 진행되지 않을 수도 있으며, 여러 단계가 복합적으로 나타나기도 하고, 많은 경우 중간 단계에서 도태되기도 한다.

현재 살펴볼 월드베스트 강소기업들은 핵심 기술을 기반으로 창업을 하고, 중간에 여러 어려움이 있었으나 이를 성공적으로 극복하여 확장 단계에 이른 벤처기업 또는 혁신형 중소기업이라 할 수 있다. 이들 기업이 앞으로 세계적인 대기업으로 성장할 수 있을지는 아직 판단하기 이르지만 적어도 벤처기업을 창업하고자 하는 예비 경영인들에게 창업에 성공하고 주력 사업의 경쟁력을 확보하여 신규 사업으로 확장 단계에 이르기까지 어떤 어려움이 있으며, 이를 극복하기 위해 어떤 경영 전략과 기술 개발 노력을 해야 하는지, 경영자는 어떤 리더십을 발휘해야 하는지에 대해 큰 시사점을 제공할 수 있을 것으로 생각한다.

한국 경제의 새로운 미래, 강소기업

한국 경제가 1970년 이후 대기업 중심의 중화학 공업으로 성장하던 시기에 대부분의 중소기업들은 대기업이 필요로 하는 부품과 자재를 공급하는 하청 생산으로 시작하였다. 이후 1980년대 IT 산업이 불꽃처럼 확산되면서 이런 체제 자체에 근본적인 변화의 조짐이 일어났다. 이공계 대학과 대학원 연구실의 청년들이 벤처라는 이름으로 창업을 하기 시작한 것이다. 20대 청년 엔지니어들은 기술과 젊음이라는 밑천만을 가지고 창업에 뛰어들었다. <메디슨>, <휴맥스>, <한글과 컴퓨터> 같은 벤처기업의 신화가 탄생한 시기가 이때였다. 특히 1997년 외환 위기 이후 대기업 중심의 한국 경제가 저성장 국면에 접어들었을 때, 신기술 분야에 두각을 드러낸 벤처기업들은 우리 국민들에게 새로운 희망을 제시하였다. 정부에서도 1996년 코스닥 시장의 개설을 통해 기술 집약적 벤처기업들의 자본 유입을 도왔고, 1997년 '벤처기업 육성에 관한 특별법'을 제정해 이들이 급성장할 수 있는 발판을 마련하였다.

물론 이 과정에서 무늬만 벤처기업인 경우가 양산되기도 했고, 유망한 벤처기업 중에도 경영에 대한 경험이 일천하여 안타깝게 사라진 사례도 많았다. 그럼에도 고속 성장한 중소기업들 중에는 우수한 기술력을 토대로 국내 시장을 장악하고 창업 초기부터 해외로 진출해 세계 시장에서 5위권 안에 진입하는 성과를 내는 기업이 생겨났다. 이들은 작지만 강한 거인, 대한민국의 월드베스트 강소기업으로서 새로운 기업 경영의 역할 모형을 제시해 주고 있다.

그러면 과연 이들은 부족한 자금과 열악한 창업 환경, 그리고 최소한의 인력으로 출발했음에도 어떻게 세계적인 경쟁력을 가진 월드베스트 강소기업으로 성장할 수 있었을까? 어떻게 기술을 개발하고, 세계적인 규모의 경쟁 기업과 차별화를 유지할 수 있었으며, 또 어떻게 언어와 문화의 차이를 극복하고 세계 시장에 진출하여 고객을 확보할 수 있었을까? 이 과정에서 창업 경영자는 어떤 비전과 경영 철학을 세웠고 이를 어떻게 실천하였으며, 어떤 리더십을 발휘함으로써 어려움을 극복할 수 있었을까? 이러한 질문은 새로운 벤처기업을 창업하고자 하는 예비 경영자뿐 아니라 기존 중소기업 경영자, 그리고 이 분야를 연구하는 학자나 정책 결정자에게도 흥미로운 질문이 아닐 수 없다. 이 책에서는 이러한 질문에 대해 가능한 구체적인 사례와 함께 해답을 제시하고 성공 요인을 도출하고자 한다.

사실 지금까지 대기업 중심의 한국 경제에서 한국의 월드베스트 강소기업은 그 가치와 잠재력이 충분히 알려지지 않았다. 여기에는 헤르만 지몬 교수가 자신의 저서 『히든 챔피언』에서도 언급한 바와 같이 이들 회사들이 자신들에게 주의가 집중되는 것을 꺼리는 데에도 그 이유가 있다. 이는 대중과 언론, 그리고 학계에 잘 알려지지 않음으로써 얻을 수 있는 무수한 장점들이 있기 때문이다. 히든 챔피언들은 과도한 노출을 피하는 대신 자신의 업무에만 집중을 하려고 한다. 짐 콜린스Jim Collins, 2002가 이야기한 '쇼를 하는 말, 경작용 말'에 대한 비유를 들자면 쇼를 하는 말이 관객의 시선과 관심, 사랑을 필요로 하는 데 반해 경작용 말은 외부에 자신의 이미지를 알리는 데 사용하는 시간과 정력을 가급적 줄이고 원래 과제인 일에만 집중할 수 있다는 것이다. 하지만 세계적 경쟁 추세로 인해 이들 기업은 자연스럽게 외부에 알려질 수밖에 없었고, 정부기관이나 금융기관 또는 언론기관으로부터 주목을 받게 되었다.

월드베스트 강소기업에 대해 우리가 깊은 지식을 갖고 있어야 하는 이유는 여러 가지가 있다. 먼저 이들 기업은 무엇보다도 대한민국의 새로운 성장 동력으로, 강소기업의 필요성이 매우 높아진 현재 시점에서 무한한 가치와 잠재력을 갖고 있다. 그 가치와 잠재력을 심층적으로 분석함으로써 이를 통해 다른 제조업은 물론 IT, 문화 콘텐츠에 이르기까지 미래형 산업에서 이러한 월드베스트 강소기업을 보다 많이 육성할 수 있는 방법을 모색할 수 있다. 또 강소기업이 중요한 이유는 이들이 장차 중견기업이나 대기업으로 성장할 잠재력을 충분히 갖추고 있기 때문인데, 한국 경제의 기반을 보다 강화하기 위해서는 이들을 키워 낼 자원을 확충하고, 제도를 정비하며, 역량을 더욱 강화해야 한다. 그렇지 않으면 앞으로 제조업, IT 분야에서 핵심 장비,

부품, 소재 등을 공급하는 국내 강소기업, 중견기업들은 일본과 중국, 인도와의 경쟁에서 도태되고 말 것이다. 나아가 이들 기업의 존재가 약해지면 대기업의 국제 경쟁력 역시 타격을 받을 수밖에 없다. 대기업은 글로벌 소싱을 통해서 경쟁력을 확보한다고 하지만 국내에 충분한 기술력을 가진 강소기업이 존재할 때 외국 공급 업체에 대한 협상력이 높아질 뿐 아니라 아무래도 기술 유출과 인력 유출 면에서 국내 강소기업의 존재가 해외 공급 업체보다는 유리하기 때문이다.

일반적으로 한국 경제에서 말하는 중견기업은 '중소기업의 규모는 넘지만 아직 대기업에는 도달하지 못한 상태'를 지칭한다. 구체적으로는 종업원 수 1000명 미만, 매출액 1조 원 미만인 기업이다. 국내 제조업 분야를 놓고 본다면 700개, 0.2퍼센트 수준이며, 제조업 전체 고용의 7.4퍼센트를 책임지고 있다. 가까운 나라 일본의 경우는 1.1퍼센트의 중견기업이 제조업 전체 고용의 17.3퍼센트를 책임지고, 먼 나라 독일의 경우는 8.2퍼센트의 중견기업이 제조업 전체 고용의 30퍼센트 가까이를 책임지고 있다. 결국 세계 시장에서 우위를 점한 이들 두 나라의 산업 경쟁력은 경제의 허리가 되는 중견기업에서 출발하고 있다는 사실을 숫자로 보여 주고 있는 셈이다.

대한민국 강소기업들은 살아남는다는 것을 전제로 하면 장차 중견기업, 나아가 대기업의 싹이 될 것이다. 한국을 대표하는 글로벌 기업은 혼자만의 힘으로 살아남는 것이 아니다. 모든 회사가 핸드폰이나 텔레비전, 자동차를 만들 수는 없다. 그리고 설사 만든다고 해도 그 완성품을 위해서는 수천, 수만 개의 중소기업이 움직이고 있다는 사실을 외면할 수 없다. 대기업이 중견기업을 통해서 새로운 활력을 공급받고, 중견기업은 강소기업의 도움과 발전 위에서 생존하고 커나갈 수 있다. 한국의 강소기업이 중요한 이유는 여기에 있다. 강소기업은 이런 중견기업은 물론 대기업까지 활기를 띠게 만들 수 있는 고농도 에너지원이다. 연구 개발에 매출의 30퍼센트 이상을 투입하여 신기술을 개척하고, 기술 혁신을 이루려는 의지와 도전 정신을 갖춘 동시에, 매출의 50퍼센트 이상을 해외 시장에서 벌어들이는 글로벌화가 강소기업의 특징이기 때문이다.

한국의 강소기업은 대부분 창업에서 수성까지 보통 10년 정도의 연혁을 지닌 기업으로, 독일이나 일본의 강소기업에는 훨씬 미치지 못하는 기업 역사를 가지고 있다. 히든 챔피언이라고 직접적으로 말하기는 어렵지만 미래의 히든 챔피언으로서 잠재력은 충분히 갖고 있다. 대한민국의 강소기업은 1990년대 디지털 시장 개화와 함께 피어난 중소기업으로 일반 벤처기업보다 매출액은 7배, 성장률은 2배 더 높다는 특징이 있다. 매출에서 수출이 차지하는 비율도 50퍼센트 이상이고 기술 특허 등 지적재산권도 일반 벤처기업보다 월등히 많다. 규모의 측면이나 혁신, 기술에 대한 성장 가능성 등이 모두 과거 중소기업의 수준이 아닌 글로벌로 갈 히든 챔피언의 싹들인 것이다.

02 전자 산업 4대 강소기업 성공 분석

그동안 한국공학한림원에서는 반도체, 조선LNG선, 휴대폰, 철강, 자동차, 무선 인터넷 산업 등에서 우리 대기업들이 어떻게 세계 최고의 경쟁력과 성과를 창출할 수 있었는지 심도 있는 자료 분석을 통해 구체적인 기술 개발 및 발전 과정을 규명해 왔다. 독일의 지몬 교수가 주창한 히든 챔피언이 우리나라에서도 큰 반향을 일으키는 현실과 이에 자극을 받은 정부의 강소기업 육성 지원 정책, 그리고 언론기관이나 금융기관 등에서 나름대로 강소기업을 소개하고 재정적 지원을 하는 프로그램이 운영되는 시대의 흐름을 감안하여 그동안 소외되었던 중소기업의 활약상을 체계적으로 조망할 필요가 제기되었다. 이에 따라 작지만 세계적인 경쟁력을 가진 중소 벤처기업 사례를 발굴하여 이들 기업이 어떻게 세계적인 경쟁력을 갖게 되었으며, 기술 개발을 어떻게 해 왔고, 성공 요인은 무엇이었는지를 알아 보고자 한다.

특히 우리나라가 세계 최고 수준이라고 자부하는 전자 산업 분야에서 4개의 강소기업을 선정하여 이들 기업이 어떻게 세계 1등 중소기업으로 성장하게 되었는지를 심층적으로 분석하고, 그 과정을 통해 앞으로 대한민국 강소기업이 가야 할 길, 성공의 길이 어디에 있는지 그 맥락을 찾고자 한다.

강소기업 선정 기준과 절차

전자 산업은 우리 경제에서 차지하는 비율이 매우 높을 뿐 아니라 기술 집약적인 산업으로서 많은 부가가치를 창출해 왔다. <표 3>을 보면 전체 생산액 중 전자 산업이 차지하는 비중은 연도별로 차이가 있기는 하지만 전체적으로 증가하는 추세를 보이고 있으며, 2000년 이후 꾸준히 20퍼센트를 상회하고 있다. 또 수출에서 차지하는 비중도 2000년 이후 35퍼센트를 상회하고 있어 전자 산업이 한국의 경제 성장과 수출을 견인하는 대표적인 산업으로 자리 잡고 있음을 알 수 있다. 특히 우리나라는 IT 강국으로서 휴대폰과 평판 TV 같은 완제품뿐 아니라 메모리 반도체나 LCD 패널 같은 부품 부문에서도 세계 1~2위를 다투고 있으며, 그러다 보니 월드베스트 시리즈에서도

〈표 3〉 우리나라 전자 산업의 연도별 위상 변화

	1991	1994	1997	2000	2003	2006	2008
우리나라 전체 생산액(십억 원)	231,428	349,973	506,314	603,236	767,114	908,744	1,026,452
전자 산업 생산액	39,370	54,214	65,212	108,637	176,625	212,529	154,618
전자 산업의 비중(%)	17.01	15.49	12.88	18.01	23.02	23.39	15.06
우리나라 전체 수출액(mil US$)	71,870	96,013	136,164	172,268	193,817	325,465	422,007
전자 산업 수출액	19,356	30,494	40,920	66,556	74,661	114,705	131,160
전자 산업의 비중(%)	26.93	31.76	30.05	38.64	38.52	35.24	31.08

자료원: 한국전자정보통신산업진흥회, 통계청

전자 관련 제품이 가장 많이 소개되었다.

전자 산업 분야에서 월드베스트 강소기업을 선정하기 위해 우리는 다음의 4가지 기준을 세웠다. 먼저 IT 제조 중소기업 중에서 주력 제품의 세계 시장 점유율이 1위에 해당하여야 한다. 물론 제품 시장 범위의 정의에 따라 달라질 수는 있으나 명확히 구분되는 제품 영역에서 2009년 시장 점유율을 기준으로 세계 1위를 차지하고 있는 기업으로서 외부 기관의 평가나 기업의 객관적인 자료를 토대로 판단하였다. 둘째, 관련 기술 역량에서 세계적인 기술력을 보유해야 한다. 관련 기술 역량이 세계적인 수준인지 판단하기 위해 제품의 성능과 품질, 가격 등의 자료 비교와 함께 관련 기술 인력의 규모와 질, R&D 투자 규모, 그리고 관련 지식재산권 보유 여부를 검토하였다. 셋째, 시장과 기술 변화가 심한 IT 제조업에서 지속적인 세계 시장 점유율 성과와 기술력을 유지하고 있는지를 판단하기 위해 기업 연륜이 최소한 10년 이상이며, 매출 및 조직 규모의 성장이 지속적으로 이루어졌는지를 감안하였다. 마지막으로 해당 기업과 최고경영자의 윤리적 규범이나 도덕성에 하자가 없어야 한다는 점이 고려되었다. 즉, 기업 규모보다는 해당 주력 제품 시장에서의 시장 점유율과 기술 역량 등 경쟁력과 도덕적 기준을 우선시한 것이다.

이러한 기준을 적용하여 구체적으로 강소기업을 선정하는 과정은 결코 쉽지 않았다. 먼저 한국생산성본부에서 지정한 '세계 일류화 상품' 리스트와 〈매일경제〉나 〈한국경제〉, <동아일보> 등의 언론기관에서 소개한 강소기업 리스트, 그리고 한국수출입은행 등 금융기관에서 선정한 히든 챔피언 리스트 등 다른 유관 기관에서 선정한 강소기업 리스트를 참조하였다. 각 기관에서 선정한 강소기업 또는 히든 챔피언은 그 목적에 따라 기준이 조금씩 상이

하였지만 월드베스트 강소기업을 선정하는 데 일차적인 도움이 되었다. 이에 더하여 전자 산업 분야의 전문가 및 한국공학한림원 회원들의 추천과 의견을 참고로 하여 최종적으로 코스닥에 등록된 4개의 중소기업을 선정하였다. 이 과정에서 월드베스트 강소기업으로서 충분한 자격을 갖춘 많은 중소기업들이 선정되지 못한 아쉬움이 있으나, 그야말로 히든 챔피언인 이들 기업은 또 다른 공간을 빌어 소개될 것으로 기대한다. 최종적으로 선택된 4개 강소기업은 전자 부품 업체 2개 사-아모텍과 알에프세미, 전자 장비 업체 1개 사-이오테크닉스, 그리고 완제품 업체 1개 사-아이디스로 균형을 이루고 있다.

<표 4>에 나와 있듯이 이들 기업은 2009년 현재 매출 700~800억 규모의 3개 중견기업과 250억 규모의 1개 중소기업으로 구성되어 있으며, 창업 연도는 2개 기업이 1990년대 초반이고, 나머지 2개 기업은 1990년대 후반이다. 이들 기업의 세계 시장 점유율은 평균 37.5퍼센트이며, 지난 5년간 매출에서 수출이 차지하는 비율은 모두 50퍼센트를 넘는 것으로 나타났다. 또 이들 기업의 지난 5년간 R&D 투자 비율은 8퍼센트를 상회하고 있고, 기술 인력 비율도 평균 30퍼센트를 넘을 뿐 아니라 보유 특허 건수도 연평균 10건 이상으로 매우 높은 편이다. 이 기업들의 지난 10년간 성장률도 세계 시장 점유율과 기술력을 기반으로 연평균 10~20퍼센트로 나타나 지속적인 성장을 하고 있음을 보여 주고 있다. 이러한 특징은 독일의 지몬 교수가 주장하는 히든 챔피언의 조건인 혁신 역량과 국제화 비율에도 잘 부합한다. 2명의 CEO는 서울공대 대학원 출신이며, 1명의 CEO는 카이스트KAIST 박사 출신이고, 나머지 1개 기업의 CEO는 대전 ETRI에서 오랫동안 기술을 개발해 온 엔지니어 출신이었으며, 모두 이노비즈기업으로 인증된 코스닥 등록 벤처기업들이다.

<표 4> 4개 강소기업의 특징

	아모텍	알에프세미	이오테크닉스	아이디스
주력 제품	바리스터 칩	휴대폰 마이크로폰용 ECM 칩	반도체용 레이저마커 장비	보안용 DVR
창업 연도	1994년	1999년	1989년	1997년
2009년 세계 시장 점유율	35%	50%	50%	15%
2009년 매출액	757억 원	231억 원	809억 원	741억 원
2005~2009 수출 비율	74.6%	68%*	55.5%	76.3%
2005~2009 R&D 투자 비율	8.86%	8.18%	8.30%	8.78%
2005~2009 R&D 인력 비율	14.1%	n.a.	49.4%	37.6%
2005~2009 연평균 특허 수 (개)	51.5*	2.6	13**	6.4
2000~2009 연평균 매출 성장률(CAGR)	22.71%	29.03%	9.50%	27.59%***
특기 사항	한국형 히든 챔피언 선정 (매경 및 기술거래소) · 세계일류상품 선정 (산업자원부) 딜로이트Fast500 AP 2004 선정	한국형 히든 챔피언 선정 (매경 및 기술거래소) 생생코스닥 히든 챔피언 수상	한국형 히든 챔피언 선정 (매경 및 기술거래소, 수출입은행) 세계일류상품 선정 (산업자원부)	한국형 히든 챔피언 선정 (매경 및 기술거래소) 세계일류상품 선정 (산업자원부) 세계 200대 중소기업 선정 (포브스)

* 4년 평균 수치
** 2005~2008 4년 평균치(2009년 등록 특허 자료 없음)
*** 2005~2009 연평균 매출성장률(CAGR)

강소기업 연구의 목적과 방법

월드베스트 강소기업 시리즈의 출간 목적은 앞서 설명하였듯이 우리 중소기업들이 어떻게 해당 제품 시장에서 세계적인 경쟁력을 갖게 되었는지 그 성공 요인을 심층적으로 분석하여 소개함으로써 다른 중소기업에게 시사점을 제시할 뿐 아니라 향후 미래를 책임질 이공계 젊은이들에게 새로운 도전 기회를 제공하고, 정책 결정자들에게도 구체적인 정책 대안을 제시할 계기를 만드는 것이라 할 수 있다.

이러한 목적에 따라 2010년 2월부터 7월까지 4개 기업에 대한 각종 자료 탐색과 인터뷰 등을 실행하였다. 먼저 각종 언론 소개 자료 및 인터넷 홈페이지 자료와 한국신용평가KIS 등 기업 데이터베이스database를 활용하여 1차적인 기업 사례 초안을 작성한 후, 각 기업을 2~3차례 방문하여 최고경영자 및 주요 임원 등 핵심 인물들과 각각 짧게는 2시간에서 길게는 6시간가량 인터뷰를 진행하였다. 인터뷰는 저자가 직접 진행하였으며 두 명의 카이스트 경영대학 석박사 과정 학생이 이를 기록하고 관련 자료 수집을 지원해 주었다. 모든 인터뷰는 사전에 동의를 얻어 녹취를 하고 나중에 이를 정리하였으며, 사례 원고는 해당 기업 관련 인사의 확인·수정·보완 과정을 거쳐 완성해 나갔다. 이메일과 전화를 통해 부족한 내용에 대한 추가적인 질문과 자료 요청을 하여 사례 원고를 완성하였고, 해당 기업의 승인과 함께 한국공학한림원 출판위원들의 최종 심사와 수정을 반영하여 확정하였다.

사례 분석에 대한 프레임워크는 다음과 같이 설정되었다. 먼저 제품과 관련 시장에 대한 소개와 함께 창업 배경과 과정, 그리고 성장 과정을 가능한 객관적으로 설명하고, 창업자 또는 주요 핵심 인력에 대한 소개를 병행하였다. 특히 월드베스트 강소기업의 핵심이라고 할 수 있는 기술 역량의 학습 과정을 살펴보고, 이를 바탕으로 국제 시장에서 상업화하는 과정에 분석의 초점을 두었다. 즉, 창업 후 기술 개발 과정과 전략, 기술 성과 및 기술 역량에 대한 분석과 함께 이를 제품 개발로 상업화하고 나아가 세계 시장에 진출하는 과정과 글로벌 네트워크 역량에 대한 분석에 집중하였다. 가능한 객관적인 자료를 제시하도록 노력하였고, 이에 더하여 기술과 영업 측면의 에피소드 등도 구체적으로 소개하고자 노력하였다. 이 밖에 신규 사업 다각화 과정과 전략에 대하여 분석하고, 회사의 비전과 조직 특성, 인력 관리 방식에 대한 소개를 통해 어떻게 세계 1위의 제품 경쟁력을 가진 강소기업으로 성장하게 되었는지를 체계적이고 심층적으로 분석하고자 하였다. 이제 대한민국 전자 산업을 대표하는 월드베스트 강소기업을 만나러 가 보자.

I. 아모텍(Amotech): 전자 부품 중소기업의 숨은 보석

아모텍은 전자 부품 분야에서 세계적인 경쟁력을 가진 기술 집약적 중소기업이다. 이 회사가 개발한 칩 바리스터Chip Varistor는 현재 세계 시장 점유율 30퍼센트로, 내로라하는 미국, 유럽, 일본의 경쟁사를 앞서고 있을 뿐만 아니라 세계적으로 선풍을 일으키고 있는 애플Apple 사의 아이팟iPod, 아이폰iPhone 및 아이패드iPad 제품에도 폭넓게 장착되고 있다.

김병규 아모텍 대표이사
서울대 공대 대학원 박사
전 코스닥협회 회장 역임

1994년 소기업으로 출발한 아모텍은 세계 시장 점유율 1위의 칩 바리스터 외에 내장형 내비게이션navigation에 들어가는 GPS 안테나 시장에서도 세계 1위를 차지하고 있을 뿐 아니라, 에너지 효율이 매우 높은 BLDCBrushless Direct Current모터 분야에서도 독보적인 경쟁력을 확보하고 있다. 매년 평균 23퍼센트의 높은 매출 성장률을 보이고 있으며, 2010년에는 매출액 908억 원, 당기 순이익 37억 원의 우량 강소기업으로 성장하였다. 아모텍이 굴지의 다국적 기업과 경쟁하여 어떻게 세계 1위의 기술을 개발하였고, 어떻게 글로벌 히든 챔피언으로 성장하게 되었는지 살펴보자.

:아모텍의 시작과 미래, 칩 바리스터

한국은 현재 스마트폰을 포함한 세계 휴대폰 시장에서 국내 기업인 삼성전자와 LG전자가 20퍼센트 넘는 점유율을 기록하고 있는 모바일 강국이다.

그런데 정작 이런 세계적 경쟁력을 보유한 휴대폰 기기 내부에 한국 중소 벤처기업이 개발한 세계 1등의 부품이 자리하고 있다는 사실을 일반인들은 알지 못한다. 인체에서 나오는 정전기를 잡아 주어 휴대폰 안의 IC 칩이 제 기능을 할 수 있도록 하는 칩 바리스터는 모바일 제품에 없어서는 안 되는 부품 중 하나로, 국내 중소 벤처기업인 아모텍이 이 제품의 세계 시장 1위를 차지하고 있다.

아모텍의 주력 매출 품목인 칩 바리스터는 'Variable Resistor'의 약자로 각종 휴대용 정보 기기와 거의 모든 전자, 통신 제품에 탑재되어 기기 내외부에서 발생하는 정전기ESD: Electro Static Discharge 또는 전자파EMI: Electro Magnetic Interference로부터 IC 칩 및 회로를 보호하고, 배터리 사용 시간을 늘려주는 핵심 부품이다. 전자 기기에 들어 있는 IC 칩 등 반도체 소자는 정전기에 대한 내성이 약해 정전기가 유입되면 IC 칩 및 회로에 충격이 가해지고 도선이 끊어져 오작동 또는 부품 파손을 일으킨다.

특히 휴대폰이나 모바일 제품의 경우 사람이 손으로 접촉을 할 수밖에 없는데, 이때 사람의 손과 접촉하는 부분에서 정전기가 발생하여 내부로 유

〈그림 1〉 정전기에 의한 부품 손상

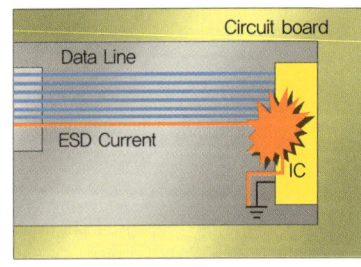

정전기 유입

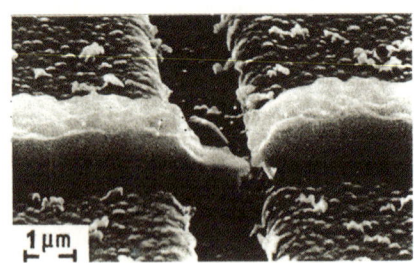

반도체의 도선이 정전기에 의해 끊어진 모습

〈그림 2〉 정전기 발생 시 칩 바리스터의 기능도

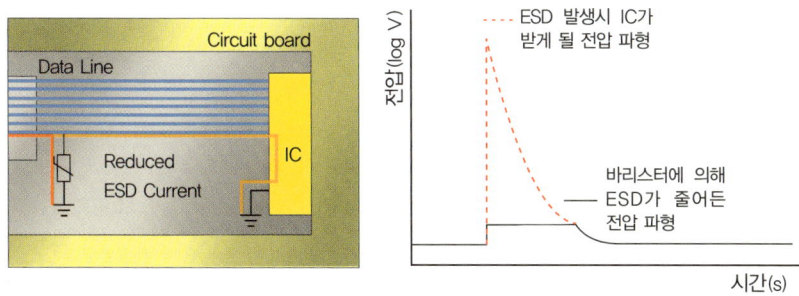

입되면서 제품이 망가지게 된다. 이러한 정전기로부터의 피해를 방지하는 것이 칩 바리스터의 역할이다. 칩 바리스터는 신호나 전원이 회로로 전달되는 라인과 접지면 사이에 연결되어 고전압의 정전기가 회로에 유입되었을 때, 이를 자동적으로 접지면으로 흘려 주어 회로 및 반도체 소자를 보호하는 기술적 원리를 가지고 있다. 아모텍은 칩 바리스터 세계 시장의 선두 주자로서 도약하였고, 핵심 기술인 정전기 방지 기술과 적층 제조 기술 역량을 바탕으로 사업 영역을 넓혀 가고 있다.

칩 바리스터란?

정전기ESD 또는 과전압Surge voltage으로부터 전자 기기의 손상을 방지하는 부품으로 특히 정전기에 약한 IC회로 등을 보호하는 기능을 한다. 이미 1960년대에 세라믹ceramics에 징크옥사이드Zinc oxide나 망간Mangan, 코발트Cobalt와 같은 물질이 포함되면 일정한 전압까지는 전류가 통하지 않다가 그 수준을 넘으면 전류가 통하게 되는 현상이 밝혀졌다. 또 이를 부품으로 만드는 기술적인 문제도 이미 알려져 있어 1990년대에는 이와 관련된 특허 장벽이 별로 없었다. 그런데 무선 전화기 등 모바일 제품이 개발, 사용되면서 손에서 나오는 정전기로 말미암아 회로가 작동을 하지 않는 현상이 나타나자 이 부품이 주목을 받게 되었다. 특히 디지털 IC 칩의 등장과 함께 정전기를 차단하는 부품으로서 시장 수요가 본격적으로 증가하게 된다. 이와 유사한 기능을 하는 제품은 실리콘을 주재료로 하는 TVS 다이오드Transient Voltage Suppression Diode라는 반도체로서 칩 바리스터는 이 제품에 비해 성능은 좀 떨어지지만 크기가 작고 가격이 훨씬 낮다는 장점을 갖고 있다. 따라서 모바일 제품이 소형화하고 가격 경쟁이 심화되면서 모바일 전자 기기를 중심으로 칩 바리스터가 급속히 채택되었다. 예를 들어 모토로라Motorola의 경우, 초기에는 TVS 다이오드를 사용하였으나 나중에는 이를 칩 바리스터로 교체하게 된다.

칩 바리스터 제조 공정

다음 그림은 세라믹 파우더, 바인더 등 원재료의 조성에서부터 시작하여 회로 인쇄, 적층, 소성, 코팅 등 주요 공정을 거쳐 칩 바리스터가 생산되는 제조 공정을 소개하고 있다.

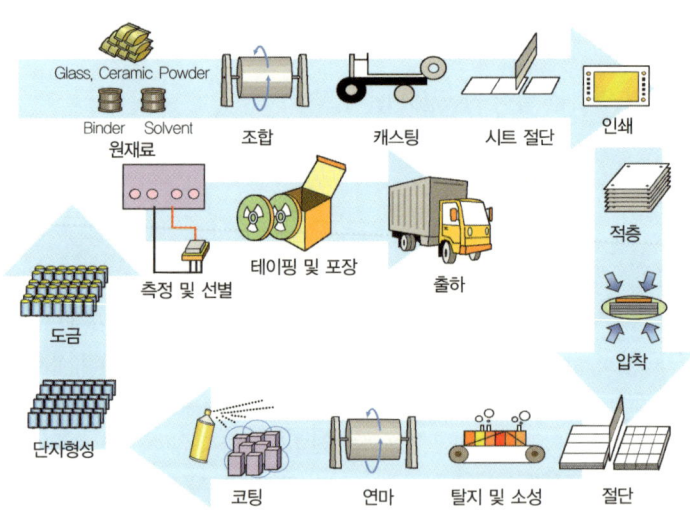

: 아모텍의 창업 스토리

아모텍의 창업자인 김병규 대표이사는 어린 시절부터 자신만의 사업에 대한 꿈을 가지고 있었다. 그래서 1976년 서울대학교 공과대학에 진학해서 전공을 정할 때에도 대규모 투자가 필요한 조선이나 자동차, 항공보다는 자신의 오랜 꿈을 현실적으로 이루는 것이 가능한 소재 부품 분야에 초점을 두었고, 그 결과 금속재료공학을 선택하였다. 대학원에 진학해서도 신소재 분야 전공으로 석·박사 학위를 받았는데, 석사 논문에서는 신소재 분야 중 분말야금powder metallurgy[1]을 선택하여 세라믹 분말ceramic powder을 기반으로 자성체ferrite와 유전체RF를 구현하는 합금 설계에 대한 연구에 집중하였고, 박사학위 논문은 새롭게 부상하는 비정질 재료amorphous material[2] 분야에 관한 것이었다. 이런 일련의 선택은 향후 아모텍의 창업 제품 및 신규 제품에 그대로 반영되는 결과를 낳았다.

김병규 대표는 1985년 여름, 박사학위를 받고 난 후 한 중소기업에서 근무하게 되는데 이 회사는 릴레이relay[3]를 만들던 중소 부품기업이었다. 김 대표는 1994년 창업 이전까지 이곳에서 영업과 관리, 그리고 연구 개발 등의 다양한 업무를 경험하게 된다. 이 회사는 이후 아모텍의 자회사로 흡수된다.

---

[1] 금속 가루를 가압·성형하여 굳히고, 가열하여 소결함으로써 목적하는 형태의 금속 제품을 얻는 방법 및 기술을 말한다.

[2] 보통 금속을 용융 상태에서 냉각하면 응고점에서 결정 구조를 가진 고체가 되지만, 냉각 속도를 극히 크게 하면 고체는 고체이나 분자 연결이 일정한 구조 없이 액체처럼 섞여 있는 형태가 된다. 즉 고체 상태에서도 액체 상태의 무질서한 원자 배열 구조를 가지게 하여 기존 금속보다 우수한 전기적, 자기적 특성을 가지는 신소재가 비정질 재료이다.

[3] 전기 접점을 개폐해 동일 또는 다른 회로에 접속된 장치를 작동시키는 기능을 하는 전자 부품을 말한다.

이 기간 동안 김 대표는 중소기업 사업 성패에 있어 시장과 고객의 중요성을 절감하게 되었고, 그로 인해 나중에 창업하고 난 이후에도 기술 개발과 사업 성장에 있어서 항상 영업과 마케팅을 우선적으로 고려하는 경영 방침을 갖게 되었다.

1980년대 중반 당시에는 중소기업에 박사학위를 가진 연구소장이 그리 많지 않았다. 그런 이유로 김 대표는 산업자원부, 정보통신부, 과학기술부 등의 각종 정부 주관 연구 과제에 기획 및 평가위원으로 활약하였다. 이를 통해 그는 우리나라 산업계의 기술 수준과 향후 기술 발전 방향 등을 파악하게 되었을 뿐 아니라 정부 부처 및 학계의 관련 인사들과 폭넓은 인간관계를 구축하였으며, 정부의 R&D 지원 프로그램과 정책 자금을 효과적으로 활용하여 신규 사업을 개발하는 아이디어를 얻는 등 중요한 경험도 함께 축적하게 된다.

1991년 4월경에는 한국과 러시아 사이의 과학기술부 장관 모임에 중소기업 대표로 참여하면서 러시아의 여러 연구소를 방문하였고, 이는 다양한 연구자와 기술자들을 만날 기회가 되었다. 이를 통해 러시아의 앞선 기술과 그 기술이 국방에 응용되는 과정, 그리고 연구실에서 개발된 소재 기술들이 어떻게 시험pilot 생산에 이르러 대량 생산 규모로까지 확대되는지 구체적으로 보고 듣고 학습하게 된다. 이는 향후 아모텍의 기술 및 제품 선택과 초기 기술 능력의 확보에 중요한 계기가 되었다. 예를 들어 아모텍 BLDC모터[4]의

---

[4] BLDC모터의 개발에 있어 러시아가 앞선 이유는 잠수함이나 항공기 또는 인공위성, 나아가 핵 방위 원소 추출을 위한 고속 모터의 경우, 브러쉬가 있으면 아크arc 방전에 의한 화재의 가능성이 존재했기에 브러쉬 없는 모터가 필요하였고, 이를 해결하기 위한 모터 구조 설계 아이디어가 러시아에서 발전했기 때문이다.

경우 이미 1990년대 초반 러시아를 방문하면서 접하게 된 BLDC모터의 기술과 샘플 제품 등을 통해 습득한 아이디어와 기술을 기반으로 삼아 개발한 것이다.

또 당시 세라믹 기술과 RF 기술 등에 대해서도 학습할 수 있었는데 결과적으로 아모텍을 창업하고 성장시킬 때 필요한 기술을 선택하고 개발하는 과정에서 큰 도움이 되었다. 이 외에도 중요한 정부 과제로서 미래 10대 기술에 대한 추세를 예측하는 프로젝트에 참여하였는데 이를 통해 향후 전자 통신 산업과 전자 부품소재 분야의 유망한 기술들에 대한 안목과 식견을 가질 수 있게 되었고, 칩 바리스터 제품을 창업 아이템인 아모퍼스 코어 Amorphous core 제품에 이어 두 번째 주력 제품으로 개발한 계기가 되었다.

신소재에 대한 사랑, 아모스

1994년 창업한 이 회사의 이름, 아모스 Amos는 여러 의미를 복합적으로 갖고 있다. 'Advanced Material On Softmagnetics 연자성 신소재'라는 뜻과 '아모퍼스 비정질, 非晶質'라는 의미, 더 나아가 amore 사랑의 뜻까지 함축하고 있으니 태생부터가 나아갈 방향을 정하고 있는 셈이다. 창업 초기 제품은 박사학위 논문에서 다루었던 아모퍼스 비정질 물질을 이용한 핵심 부품으로서 Mag-amp, Bead 등이 있는데, 이 제품은 전자 기기의 전원 장치에 들어가는 부품이다. 당시 주력 시장인 컴퓨터는 제품 추세가 X386에서 X486으로 진화하는 중이었는데, 정보 처리 속도가 빨라지면서 많은 열이 발생하였고, 열을 차단하거나 낮추어 줄 수 있는 전력 부품이 필요하던 시장에서 이 제품은 큰 환영을 받았다.

아모퍼스 소재를 바탕으로 한 부품은 열전도율이 낮고 전류 흐름의 효율성이 좋아 수요가 많았을 뿐 아니라 회사 이름이 아모퍼스 제품을 연상시켜 고객 인지도 면에서도 유리하였다. 당시에는 독일 지멘스Siemens의 자회사인 VAC, 미국의 얼라이드 시그널Allied Signal, 현 Honeywell, 일본의 도시바Toshiba 등이 경쟁 기업이었으며, 고객들은 델Dell, HP, 컴팩Compaq, IBM 등 세계적인 컴퓨터 회사의 OEM 생산업체인 타이완 기업들이었다. 매출 규모는 점차 증가하여 외환 위기 때인 1998년에는 약 80억 원에 이르렀고 수익률도 매우 좋은 편이었다. 그러나 외환 위기가 닥치고 연이어 Y2K 붐이 휩쓴 2000년 이후 급속하게 컴퓨터의 시장 수요가 줄어듦에 따라 아모퍼스 부품도 역시 사양길에 접어들게 된다.

김 대표는 전원 장치에 들어가는 부품을 생산하는 아모스뿐 아니라 1995년에는 BLDC모터를 개발하는 아모트론Amotron, 1996년에는 안테나 사업을 위해 전자 세라믹스electro ceramics를 개발하는 아멕스Amecs를 추가로 설립하는 모험을 감행한다. 이들 기업은 각기 제품에 들어가는 기술이 서로 달랐기 때문에 별도의 기술 인력으로 구성되었고, 소재지도 서로 달랐다. 그러나 외환 위기를 겪으면서 회사의 안정된 성장과 함께 제대로 된 경영 시스템을 구축할 필요성을 느낀 김 대표는 외부로부터 투자 유치를 결심하고 미래에셋, 한국투자증권 등 15개 기관으로부터 자본 투자를 받는 조건으로 아모스, 아모트론, 아멕스 3개 기업을 통합하였다.

그 결과 세 사업 모두 신기술·신소재 핵심 부품이라는 공통점을 갖고 있었기에 '아모텍Advanced Material On TECHnology'이라는 이름이 탄생하게 되었다. 비록 하나의 회사로 통합되었지만 3개의 사업은 이후 아모텍 내의 사업부 형식을 통해 각자 제품별 특성을 살린 연구와 생산을 지속적으로 해 오고 있다.

이처럼 아모텍은 조직의 비효율성을 줄이고 경쟁력을 강화하는 전략을 택한 덕분에 위기를 극복하고 한층 더 성장할 수 있는 발판을 마련하게 된다.

칩 바리스터의 개발 과정

1995년부터 모바일 시장 성장에 주목한 김 대표는 아멕스에서 안테나와 함께 칩 바리스터를 개발하기 시작하여 1998년 드디어 시제품을 내놓게 된다. 칩 바리스터 제조만을 위한 회사를 별도로 설립하지 않은 것은 칩 바리스터와 안테나가 모두 세라믹을 기반으로 한 칩형 소자라는 공통점을 가지고 있고 휴대폰 등 휴대용 IT 기기가 같은 목표 시장이기 때문인데, 이를 한 회사에서 함께 개발, 제조하면 역량과 자원을 집중하는 시너지 효과를 창출할 수 있다는 강점이 있다.

아모텍이 칩 바리스터를 개발하게 된 계기는 1994년도에 우연히 국내 L사로부터 적층형 칩 생산에 필요한 알루미나 패키지 장비를 구매한 것에서 비롯되었다. 이 장비를 활용하여 새로운 개발 아이템을 모색하던 중 당시 막 떠오르는 시장인 칩 바리스터에 주목하게 된 것이다. 이 장비를 활용하여 생산할 수 있는 품목으로 MLCC Multi-layer ceramic capacitor 같은 적층형 칩 제품이 있었지만 현실적으로 대규모의 투자가 필요한 데다가 삼성전기와 같은 대기업과 경쟁해야 하기 때문에 승산이 없다고 판단한 아모텍은 상대적으로 틈새 제품이면서 아직 시장이 본격적으로 형성되지 않은 칩 바리스터 개발에 집중하기로 마음먹는다. 당시 이 제품을 개발하던 기업들은 일본 교세라 Kyocera가 인수한 미국의 AVX사와 일본의 TDK사, 유럽의 EPCOS사, 그리고 우리나라의 세라텍 등이 있었으나 상대적으로 개발 시점의 격차가 별로 없었고 시장도 막 형성되던 시기였다.

하지만 아무리 시장이 형성되기 전이라 하더라도 매출이 없는 상태에서 기술을 개발한다는 것은 불가능한 일이었다. 그때 마치 때를 맞추기라도 하듯 칩 바리스터의 기본 재료가 되는 '세라믹 조성물 개발'이 정부의 정책 과제로 채택되었고, 아모텍은 정부 과제를 수행하며 기초 기술을 축적할 수 있게 된다. 그리고 1998년 아모텍은 드디어 전자 부품 보호용 소자인 칩 바리스터 개발을 완료하고 본격적으로 사업에 착수하게 된다. 하지만 당시 칩 바리스터는 아직 휴대폰 산업이 본격적으로 성장하기 이전이라 관심이 크지 않았고, 후발업체인 아모텍 입장에서는 고객을 찾기가 쉽지 않았다. 그해 칩 바리스터 샘플 제품을 타이완과 홍콩의 전자 제품 생산 기업에 납품하기 시작하였으나 예기치 못했던 문제가 발생하였다. 일부 칩 바리스터에서 절연 저항이 떨어지는 결함이 발견된 것이다. 이런 문제는 제조 공정에서의 구조적인 결함 때문에 비롯되는 것이었다. 칩 바리스터를 양산하기 위해서는 표면 실장 기술 공정을 활용할 수밖에 없었는데 칩 바리스터의 징크옥사이드가 열에 약해 쉽게 녹는 성질을 가지기 때문에 칩 바리스터의 침식이 일어나는 경우가 많았던 것이다. 진퇴양난의 상황이던 2000년 3월 동양화학에서 세라믹 관련 제품을 개발하던 정준환 씨(현재 부사장)가 아모텍에 입사하게 된다. 당시 칩 바리스터와 관련한 기술 인력이 2명에 불과했음에도 정 부사장은 이들과 함께 유리 코팅Glass coating이라는 방법을 통해 문제를 해결하였다. 즉, 칩 바리스터 표면에 유리를 코팅해 내열성을 강화시킴으로써 표면 실장 공정에서 열이 가해지더라도 침식 현상이 일어나지 않게 만든 것이다. 이로 인해 타이완과 홍콩의 고객으로부터 품질을 인정받게 되었다.

칩 바리스터의 품질 개선과 함께 아모텍은 시장의 확대를 위해 새로운 고객 기업 확보에 힘썼다. 그러던 중 국내 현대전자, LG전자, 삼성전자에서

0603사이즈의 칩 바리스터를 사용 중이고 대부분을 미국 AVX사가 독점 납품하고 있다는 사실을 알게 되었다. 아모텍은 해당 회사들을 찾아가 설득을 시작하였다.

'기회는 준비한 자의 것'이라는 말이 여기에 해당할까? 삼성전자에서는 마침 가격이 높을 뿐만 아니라 미국이라는 물리적 거리로 인해 긴밀한 대응이나 고객 서비스를 받기가 어려운 AVX사 제품을 대체할 수 있는 공급 업체를 국내에서 찾던 중이었다. 결국 아모텍은 2000년 2월 삼성전자 무선사업부에 칩 바리스터를 납품하게 되었고, 급속하게 AVX사의 물량을 잠식해 나갔다. 공급 첫 달 30만 개로 시작해 그 다음 해에는 월 2000만 개를 납품하게 되었던 배경에는 가격 경쟁력이 크게 작용하였다. 아모텍은 강력한 제조 기술력의 우위를 통해 경쟁 업체 대비 낮은 가격으로 공급했음에도 상당한 이윤을 유지할 수 있었고, 현재까지도 아모텍의 칩 바리스터는 제품 다양화, 규모의 경제, 적용 어플리케이션 다변화 등을 통해 지속적으로 시장 우위를 점유하고 있다.

하지만 당시 아모텍에게 납품 물량의 증가가 결코 반갑기만 한 것은 아니었다. 양산 설비가 완성되지 않은 상황에서 물량이 늘어나자 제조 공정 설비의 용량 문제가 야기되었던 것이다. 임시변통으로 칩 바리스터 사업부의 총괄을 맡고 있던 정준환 부사장의 지인 중에 칩 부품 제조 업체를 운영하는 사람이 있어 그 업체의 생산 라인을 사용하여 무사히 납품을 진행할 수 있었다. 그러나 이 일로 인해 궁극적으로는 아모텍 자체의 생산 능력을 갖추지 않으면 안 된다는 인식을 하게 되었고 아모텍은 고객 확대에 앞서 양산 체제 구축에 집중하게 된다. 무엇보다 문제가 많았던 분류 설비 공정에 대한 대책이 시급했다. 분류 설비 공정과 관련해 대용량의 전용 장비를 만드는 업체가 없었기 때문에 아모텍에서는 중고 MLCC 분류 장비를 구매하여 기계 파트를 변경하고, 칩 바리스터 공정에서 학습한 원리를 이용해 PLCprogrammable logic controller에 대한 프로그램을 소프트웨어 업체와 공동으로 개발함으로써 문제를 해결할 수 있었다. 이 장비를 공급 업체와 함께 10대를 추가 개발하여 생산 용량을 대폭 확대할 수 있었고, 그 결과 2001년 국내 업체 최초로 칩 바리스터의 양산 체제를 갖추게 되었다.

그 후 4~5년 동안 양산 공정에서 발생한 수많은 시행착오를 기술적인 직관, 관련 지식의 학습 등을 통해 해결함으로써 품질을 안정화시켜 나갈 수 있었다. 칩 바리스터는 각각의 바리스터가 균일한 특성을 가지도록 하는 양산의 신뢰성을 확보할 수 있는가가 매우 중요하다. 특히 사용자 환경에 따라 여러 가지 예기치 않은 상황이 발생하기도 하는데, 예를 들면 고객 기업의 작업장 환경이 공기 중에 수분이 많은 상태라면 칩 바리스터 제품에 쇼트가 발생하게 된다. 아모텍에서는 칩 바리스터 양 끝에 은도금을 하는 제조 방식을 개발하여 이러한 문제를 해결하였다. 이러한 과정에서 기술적으로 큰 도움을 준 외부 전문가가 있었으니 바로 대기업에서 MLCC 공정을 책임지고 설치 운영한 경험을 가진 정준환 부사장의 지인이었다. 그는 마침 대기업을 퇴사하고 개인 사업을 하던 상황이었으므로 적층형 제조 양산 공정에서 발생하는 여러 가지 문제들에 대한 시행착오를 줄이고 기술적인 이해를 전반적으로 높이는 데 큰 일조를 하였다. 이처럼 오랜 기간 시행착오 끝에 확보한 양산 기술과 원가 경쟁력은 역설적으로 경쟁 회사의 시장 진입을 어렵게 만드는 강점으로 작용하였다.

아모텍이 AVX사를 추격하고 시장 점유율을 높일 수 있었던 핵심은 바로 칩 바리스터 사이즈 규격에 있었다. 초기 AVX가 석권하고 있던 칩 바리스터 시장에서는 0603사이즈가 주력 제품이었으며 아모텍 역시 초기 시장에 뛰어들 때 생산 설비를 이에 특화하여 투자하였다. 그러나 아모텍은 2000년 대기업에 칩 바리스터 시제품으로 마케팅하는 과정에서 0603보다는 0402사이즈 제품의 수요가 훨씬 커질 것을 간파하여 곧바로 0402사이즈 칩 바리스터의 개발에 집중하였고, 2000년 4월에 이를 삼성에 납품하게 되었다. 아모텍에서 개발한 0402사이즈 칩 바리스터가 삼성의 신규 휴대폰에 사용되기 시작하면서 아모텍은 경쟁사 AVX를 제치고 경쟁 우위를 차지할 수 있었다. 고객 기업의 입장에서는 휴대폰의 크기가 작아지면서 더 작은 칩 바리스터가 훨씬 매력적인 것이 당연한 일이었지만, 제조사 입장에서는 칩 바리스터의 크기가 작아지면 앞서 언급한 칩 바리스터의 침식 현상에 의한 절연 저항 약화 문제가 상대적으로 더 커지는 어려움이 존재하였다. 결국 이 문제를 전 세계 그 어떤 업체보다도 먼저 해결하고 0402사이즈에 대한 시설 투자로 건너뛰었던 아모텍은 세대를 뛰어넘는 leapfrogging 의사 결정을 통해 업계 선두로 나설 수 있게 된 것이다. 최근에는 사이즈를 더욱 소형화한 01005제품 0.4mm×0.2mm도 개발하여 업계 선두를 계속 유지하고 있는 것도 같은 맥락에서다.

    결정적으로 아모텍이 경쟁사들을 물리치고 시장의 선두에 오를 수 있었던 주요 원인 중 하나는 신호 라인에 사용되는 칩 바리스터의 개발이다. 아모텍에 앞서 바리스터를 개발한 경쟁사는 많았지만 대부분이 파워 라인에 사용되는 바리스터였다. 하지만 디지털 컨버전스 시대가 도래하면서 모든 전자 기기가 다른 기기와의 연결이 가능하도록 설계되었고, 이에 따라 신호 라인에 쓰이는 바리스터의 소비가 급격히 증가하였다. 아모텍에서는 일찌감치 신호 라인에서 쓰이는 제품인 AVLC 개발에 뛰어들어 세계 최초로 저용량

Low capacitance 바리스터를 개발하였다. 이 바리스터의 개발에는 0402사이즈 칩 바리스터 개발의 경우와 마찬가지로 영업팀과 개발팀의 커뮤니케이션이

〈표 5〉 아모텍의 바리스터 제품

제품명	제품 사진	제품 크기
Single Varistor		0603/0402/0201
Single Varistor		01005(0.4×0.2mm 초소형)
Array Varistor(4 channels)		
AMO-Diode		0603/0402
AMO-Suppressor		0603/0402
AMO-Suppressor Array type		
Power Inductor		1006/0805
Common Mode Filter (2 array/4 array)		

*0603: 1.6×0.8mm / 0402: 1.0×0.5mm / 0201: 0.6×0.3mm
*1006: 2.5×2.0mm / 0805: 2.0×1.25mm

큰 몫을 차지했다. 영업팀이 수시로 고객을 만나면서 얻은 시장 트렌드에 관한 정보를 즉각 개발 부서에 전달함으로써 발 빠르게 시장을 선도하는 신제품을 개발해 낸 것이다. 이처럼 팀 간 효율적인 의사소통을 통해 고객의 새로운 요구 사항이 개발팀에 즉각 반영될 수 있었고, 이는 아모텍이 혁신적인 신제품을 개발하는 데 큰 역할을 하였다 〈아모텍의 바리스터 신제품은 〈표 5〉 참조〉.

:성장하는 강소기업, 아모텍
고객 다변화를 통한 세계 시장 장악

아모텍이 본격적으로 성장하게 된 것은 칩 바리스터의 개발과 이를 삼성전자에 납품하는 데 성공한 2000년 이후이다. 앞서 기술했듯이 삼성전자 납품 매출이 기하급수적으로 증가하였는데 2000년 7억 원에서 2001년에는 70억 원에 달하게 되었다. 그 다음 해에는 LG전자와 팬텍 등으로 수요처를 다변화하였고, 그 밖에 군소 휴대폰 제조업체에도 납품할 수 있게 되었다. 나아가 당시 삼성전자와 LG전자 출신의 기술자들이 회사를 나와 창업한 100여 개 이상의 휴대폰 설계 업체들까지 아모텍의 칩 바리스터를 자신들이 만드는 휴대폰 설계에 핵심 부품으로 포함시키고, 이 제품을 중국의 휴대폰 업체들이 생산을 하게 되면서 자연스럽게 중국과 타이완으로까지 고객을 넓혀 갈 수 있었다. 여기에는 아모텍의 해외 영업 인재들이 지대한 기여를 했다. 이들은 초기부터 중국의 상하이上海, 베이징北京, 선전深圳, 샤먼廈門 등 휴대폰 개발 센터와 제조 공장이 위치한 지역을 중심으로 현지 영업 인력을 영입하여 판매망을 구축하였다. 특히 국내 영업 인력이 직접 판매에 나서기보다 현지 인력을 중심으로 영업을 함으로써 단기간에 탄탄한 영업망을 구축할 수 있었다. 중국이 휴대폰의 세계적인 생산 기지로 부상하면서 아모텍의 중국 영업망은 타사와 차별화되는 핵심 역량의 하나로 발돋움한 것이다. 현재 중국에서의 매출은 아모텍 전체 매출의 약 50퍼센트를 차지하고 있다.

주문량이 늘고 매출이 증가함에 따라 아모텍은 또다시 생산 설비 증대의 필요성을 느끼게 되었고, 2003년 11월 디스크 및 칩 바리스터 관련 설비와 영업권을 일진전기로부터 인수하여 칩 바리스터 설비를 증설하게 된다. 이를 통해 인수 직전 2억 5000만 개 수준에서 월 3억 개의 생산 능력 확보, 생산 확충 및 매출 증대가 가능해짐으로써 신규 디스크 바리스터 시장으로의 진입 준비를 끝내게 된다.

이후 화웨이Huawei, 폭스콘Foxconn, 모토로라, 소니에릭슨Sony Ericsson 및 애플 등이 차례로 아모텍의 주요 고객이 되면서 고객의 다변화에도 큰 성공을 거두게 된다. 현재 유럽의 EPCOS, 일본의 TDK, 그리고 미국의 AVX 등이 칩 바리스터 시장의 경쟁 기업으로 여전히 남아 있기는 하지만 EPCOS는 실질적으로 TDK의 자회사인 동시에 2009년 8월부로 TDK와 EPCOS의 수동 부품 부문 합병을 통해 TDK-EPC로 통합되었고, AVX 역시 일본의 교세라가 대부분의 지분을 갖고 있는 실질적인 주주이기에 결국 일본 기업과의 경쟁 시대로 접어들게 된 것이다.

앞서 밝힌 대로 AVX사가 미국에 있음에도 아모텍이 미국 시장까지 점령할 수 있었던 것은 IT 기기의 소형화 추세로 인해 칩 바리스터에 대한 수요가 0402사이즈에서 0201의 작은 사이즈로 옮겨갈 것임을 예측하고 적기에 신제품을 출시함으로써 발 빠른 시장 대응에 성공하였기 때문이다. 애플사에서는 칩 바리스터 중에서도 0201이나 더 작은 01005사이즈를 주로 사용하고 있는데 현재 AVX는 이에 대한 기술 개발력이 없을 뿐 아니라 칩 바리스터에 대한 신제품이 거의 없는 상태이며, 세계 점유율도 10퍼센트 이하로 떨어진 상태이다. EPCOS 역시 매출 중 자동차에 들어가는 디스크 바리스터의 비율이 높으며 TDK와 매출을 합산해도 30퍼센트 이하로 아모텍에 비해 뒤처져 있다. 결국 아모텍의 시대가 온 셈이다.

돌이켜 보면 국내에서 거둔 초기 성과 역시 아모텍이 해외 시장을 점령할 수 있었던 주요 원인 중 하나라고 할 수 있다. 비록 칩 바리스터가 표준화된 제품이고 고객 응대에 대한 요구가 상대적으로 적은 편이지만 결국 휴대폰 제조업체가 주 고객이었고, 한국의 삼성전자와 LG전자가 이 시장에서 지속적으로 시장 점유율을 높임으로써 아모텍으로서는 자연스러운 동반 성장의 기회가 된 것이 사실이다. 일본 기업이 비록 미국과 유럽의 관련 회사를 인수하여 어느 정도 시장 점유율을 유지하고 있기는 하지만 그들 기업의 기술력을 감안하면 의외로 성과가 좋지 않은 편이다. 그 이유 중 하나는 일본 기업 중에는 세계적인 시장 점유율을 가진 휴대폰 업체가 거의 없고, 그나마 소니Sony마저도 에릭슨Ericsson과 합병함으로써 일본 바리스터 기업 입장에

〈그림 3〉 아모텍의 매출 성장률

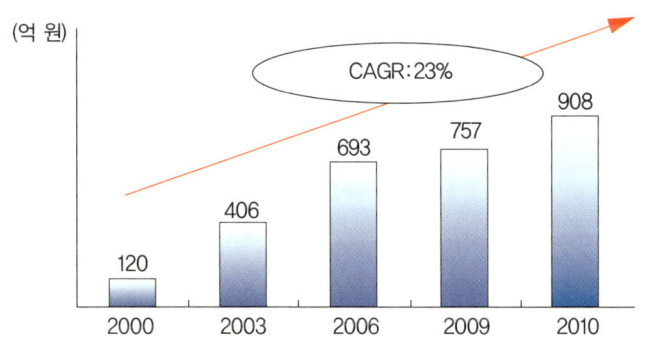

서는 자국의 고객 기업에 납품할 기회가 크게 줄어들었기 때문이라고 할 수 있다.

해외 시장의 매출이 상승하면서 전체 매출 중 초기 거의 100퍼센트에 이르던 삼성의 비중이 현재 18퍼센트까지 떨어졌지만 초기 아모텍의 성장에 있어 국내 대기업이 결정적인 역할을 했다는 것은 부인할 수 없는 사실이다. 최근 10년간 아모텍 매출 증가율 추이를 보면 연평균 23퍼센트의 지속적 성장을 기록하고 있고, 이는 고객 다변화와 함께 사업 다각화에 성공한 데 기인하고 있다고 할 수 있을 것이다(<그림 3> 참조).

유기적 결합에 의한 사업 다각화

현재 아모텍은 크게 세라믹 칩 부품과 안테나 부품, 그리고 BLDC모터의 3가지 사업을 운영하고 있다.

세라믹 칩 부품은 TV나 모니터에 들어가는 칩에 대한 정전기 방지 부품이다. 아모텍은 2005년 아모다이오드Amo-Diode를 개발하여 시장에 출하하였으며, 2007년에는 고속 데이터 통신이 요구되는 디스플레이 제품의 고선명 멀티미디어 인터페이스나 USB 단자 등에 들어가는 아모서프레서Amo-Suppressor를 개발하였다. 이 제품은 최근 출시된 디지털 TV에 평균 20~30개씩 탑재되고 있으며 노트북이나 DVD, MP3 플레이어, 캠코더, 디지털 카메라 등 다양한 기기로 적용이 확대되는 과정에 있다. 2008년에는 효율적이고 안정된 직류 전압을 공급하는 파워인덕터를 개발하였다. 현재 아모텍은 정부의 제3차 부품 소재 기술 개발 사업의 일환으로 전원 부품용 파워인덕터 재료 및 칩 부품 개발 프로젝트를 수행하고 있는데, 과제 개발을 통해 현재 일본에 크게 의존하고 있는 적층형 파워인덕터의 재료 및 제품의 국산화를 도모하고 있다. 그 밖에 자동차의 전장 부품자동차에서 사용되는 전기가 흐르는 모든 부품이나 장치 비중 증가와 하이브리드 및 전기자동차의 출현으로 인해 자동차용 바리스터 시장도 확대될 것으로 판단하고, 향후 이 신규 시장을 겨냥한 부품을 개발할 예정이다. 이들 제품의 특징은 모두 정전기로부터 회로를 보호하는 부품인 동시에 제조 공정 역시 적층형으로, 아모텍의 기존 기술 역량을 최대한 활용하는 제품들로 사업을 다각화하고 있음을 여실히 보여 주고 있다. 참고로 2010년 현재 세라믹 칩 부품 사업부의 매출은 591억 원 규모이다.

안테나 부품 사업 역시 세라믹을 이용한 제품으로 아모텍의 핵심 기술에 기반하고 있다. GPS용 패치 안테나를 1998년도에 개발하였고, 유럽의 판매 대리인을 활용하여 독일의 보쉬Bosch에 접근하였다. 미국에서도 델파이Delphi를 통해 GM과 포드Ford 등에 납품할 수 있었다. GPS용 패치 안테나는 비포마켓Before Market, 차량 출고 전에 장착되는 것을 주력으로 공급하였는데, 이 시장 규모가 상대적으로 작았을 뿐 아니라 성장률이 크지 않아 아모텍은 2003년 국내 최초로 블루투스Bluetooth 안테나를 개발하는 쪽으로 방향을 선회하게 된다. 당시 개발 완료 시점에는 시장이 본격적으로 형성되기 전이라 매출로 바로 연결되지 않았지만, 2004년도에 아모텍의 안테나를 장착한 고객사의 '블루블랙폰'이 세계 시장에서 대박을 터뜨림으로써 아모텍의 안테나 사업 매출 규모는 급성장의 길을 걷게 된다. 이어 개발된 FM 안테나는 주로 BRICs브라질, 러시아, 인도, 중국 등 신흥국가 시장을 목표로 한 수출용 제품에 탑재되고 있다. 최근에는 글로벌 휴대폰 업체들이 적용 계획을 밝혀 수요가 증가하고 있는 NFCNear Field Communication를 개발하여 국내 휴대폰 업체에 초도 공급을 시작하였으며, 국내외 업체들과 공동으로 휴대폰에 적용하기 위한 프로젝트를 진행 중에 있다.

안테나 사업의 고민 중 하나는 이 사업의 특성상 고객 지원 서비스가 많이 필요하다는 점이다. 비록 안테나의 규격이나 속성이 어느 정도 표준화 되었다 하더라도 휴대폰 설계에 따른 위치와 모양, 기능 등에 따라 성능이 크게 달라지게 된다. 이에 따라 안테나 업체들은 아예 고객 기업이 새로운 휴대폰을 개발할 때마다 같이 작업을 하는 경우가 많고, 모델이 늘면 늘수록 개발 인력도 따라서 새로이 충원해야 하는 어려움을 겪는다. 이런 특성 때문에 안테나 부품의 경우 전 세계 시장을 압도하는 글로벌 대기업이 나오기는 어려우며, 대부분 로컬 시장에서 고객과 밀착된 개발 서비스를 전문으로 하는 여러 중소기업들이 경쟁하는 양상을 보인다. 하지만 칩 바리스터나 BLDC모터와 같은 표준화된 부품에 비해 매년 가격 인하율이 상대적으로 낮고 마진도 안정적으로 유지할 수 있다는 장점을 지니고 있기에 사업 포트폴리오의 한 부분을 차지하고 있다. 참고로 안테나 사업부의 2010년 매출액은 209억 원 규모이다.

BLDC모터는 소형 모터의 한 종류로 기존의 DC모터에서 브러시brush와 정류자commutator를 없애고 전자적인 정류 기구를 설치한 모터를 말한다. 일반적으로 브러시가 정류자에 접촉하여 전원을 공급해 주면 모터가 회전하게 되는데 모터가 회전하면 브러시가 닳아서 없어지고, 동시에 열이 발생하여 모터가 뜨거워지는 문제가 생긴다. 이처럼 DC모터는 가격이 비교적 저렴하고 구조가 간단해 정비가 편하다는 장점이 있지만 이런 문제로 인해 수명이 짧은 것이 큰 단점이었다.

아모텍은 1995년 이후 R&D 투자를 통해 BLDC모터 개발에 성공하였으며, 미국, 일본, 독일, 중국 등에 세계 특허를 등록하였다. 1999년에는 국내 최초로 고급 자동차에 적용되는 전자동 온도 조절 장치FATC, Full Automatic

Temperature Controller용 온도 감지 센서Active Incar Sensor 모터를 독일 자동차 부품 업체인 지멘스 VDO에 납품하기 시작하며 상업화에 성공하였다. 칩 바리스터 시장이 성숙기에 접어듦에 따라 연평균 성장세가 70퍼센트에서 60퍼센트로 둔화되고 있지만, 모터 산업은 2011년에만 100퍼센트 넘게 성장할 것으로 보고 있다. 특히 세탁기의 경우 고출력과 고효율의 슬림 타입인 이중 로터형 모터Double Rotor type Motor를 개발하여 특허를 보유하고 있고, 미국의 가전업체인 월풀Whirlpool, 국내 가전업체인 대우 일렉트로닉스와 공동으로 드럼세탁기에 들어가는 BLDC모터를 개발하여 양산하고 있으며, 중국 영업망을 통해 중국 가전업체인 하이얼haier, 리틀 스완Little Swan 등에도 공급하고 있다. 향후 가전 및 자동차 시장에서 BLDC모터에 대한 수요가 폭발적으로 증가할 것으로 예상된다. 참고로 2010년 매출액은 104억 원가량이다.

〈그림 4〉 DC모터의 구조

이 밖에 아모텍은 사업 영역 외에 차세대 신규 사업 아이템의 개발과 사업화를 위해 아모그린텍AMO GreenTech과 같은 관련 벤처기업을 설립해 운영하고 있다. 아모그린텍은 2004년 설립한 법인으로 신소재를 바탕으로 에너지, 나노, 환경 및 바이오 분야에서 기술 선도 기업을 지향하고 있다. 차세대 소재 산업을 이끌어 갈 나노 부문, 차세대 에너지원으로 주목 받고 있는 태양광 및 연료 전지 부문 등 차세대 부품 사업에 대한 연구 개발과 투자를 통해 우수한 특허 확보 등 기술적 리더십을 확보하였으며, 이를 바탕으로 적극적인 시장 개척을 위해 노력하고 있다. 2004년 벤처기업으로 인증을 받았고, 이듬해 기업부설연구소를 설립하였으며 현재 김포에 위치하고 있다. 아모그린텍은 아모텍의 신규 사업을 낳는 인큐베이터 역할을 하고 있다. 일반 한국 중소기업들이 한 가지 제품으로 성장하다가 시장의 변화로 몰락하는 것을 목격하고 아모텍은 창업 초기부터 종합 부품업체를 지향하였다. 아모그린텍은 아모텍이 종합 부품업체로 거듭나기 위한 기반 조직으로서 기초 기술을 확보하고 산업 및 시장의 흐름에 따라 신상품 개발 및 사업의 다각화를 꾀하고 있다.

아모엘이디AMOLEDs는 세라믹 재료 기술을 바탕으로 고성능 LED를 개발, 생산하는 회사로서 기존의 파워 LED보다 신뢰성이 우수한 세라믹 재료를 응용 분야에 따라 최적의 구조로 설계하는 것이 핵심 기술이다. 세라믹 고성능 LED는 광 효율, 열 방산, 신뢰성 면에서 최적의 기관 및 패키지 구조 설계 기술로 차별화를 꾀하고 있다.

아모센스AMOSENSE의 센서 제품들은 10년간 축적된 비정질 기술들을 기반으로 다양한 응용 제품들을 만드는 과정에서 태어났다. 아모센스는 고객이 쉽게 사용할 수 있는 편의성 제공에 초점을 맞추어 차별화를 시도하고 임베디드 소프트웨어, 알고리즘, 패키지 및 센서의 특성 향상을 위한 회로 및 신호 처리 기술 개발에 주력하는 센서 부문의 토탈 솔루션 업체를 지향하고 있다.

아모럭스AMOLUXE는 고효율의 LED 조명 시스템 기술을 바탕으로 가로등, 튜브형 조명Light Tube, 면 발광, A-Lamp 등 다양한 조명 기기 개발과 생산에 주력하고 있다. 기존 조명을 대체할 신뢰성 높은 LED 조명 기기를 생산하기 위해 방열, 광학, 회로, 조명 설계 등에서 최적의 솔루션을 제공한다. 특히 아모럭스의 가로등은 덴마크 시내에 최초로 설치되었고, 기존 형광등 대체용인 라이트 튜브Light Tube는 2009년 덴마크의 세계 최대 농업박람회 Agromek exhibition에서 우수 제품으로 선정될 만큼 그 우수성을 인정받고 있다.

기술 개발의 원천, R&D

부품 소재 분야는 산업의 특성상 '누가 먼저 변화하는 시장의 흐름을 읽고, 기술적으로 빠르게 대응할 수 있느냐'가 가장 중요한 경쟁력이다. 남보다 앞선 기술력이 경쟁력의 핵심이자 부가가치를 만드는 원천이며, 이를 바탕으로 세계 시장에서 흐름을 이끌어 갈 수 있는 제품을 만들 수 있는 것이다.

아모텍은 신소재를 바탕으로 제품 설계와 공정 기술을 개발하여 '세계 최고의 제품을 세계 최초로 개발'하고자 하는 제품 리더십을 추구하고 있다. 이에 따라 신소재 연구소, 신소재 제2연구소와 모터 연구소를 운영하고 있으며, 신규 사업을 싹틔우는 조직으로서 아모그린텍 및 관련 벤처기업을 운영하고 있다. 산학 협동 및 정부 지원 연구 과제 수행 또한 아모텍 연구 개발의 주축을 이루고 있다.

신소재 연구소는 차세대 신소재 및 부품 개발을 통해 정보 통신 등 미래 산업 사회의 요구에 대응하고, 신소재 응용 분야에서 관련 소재의 국산화를 통한 기술 자립을 달성하기 위해 설립되었다. 제1신소재 연구소는 아모텍이 이미 공급 중인 제품 외에 차세대 아이템 및 신소재 개발을 진행하고 있다. 전자 기기들의 고기능화가 지속됨에 따라 이를 뒷받침해 줄 수 있는 신소재 개발의 필요성이 해마다 증가하고 있다. 아모텍은 신소재를 기반으로 관련 부품을 공급하는 기업으로서 그동안 소재 분야의 기술과 정보를 축적할 수 있었다. 이를 바탕으로 다양한 소재 개발을 통해 성장성 있고 상업화가 가능한 새로운 사업 아이템을 발굴하여 지속적인 성장 기반을 마련하였는데, 제1신소재 연구소가 중요한 역할을 담당해 왔다. 기초 소재 연구와 더불어 신소재의 가공 및 제조 공정 기술 개발도 병행함으로써 양산화, 상업화까지 이어질 수 있도록 하는 전반적인 개발이 이곳을 통해 이루어지고 있다.

<그림 5> 아모텍의 연구 개발 프레임워크

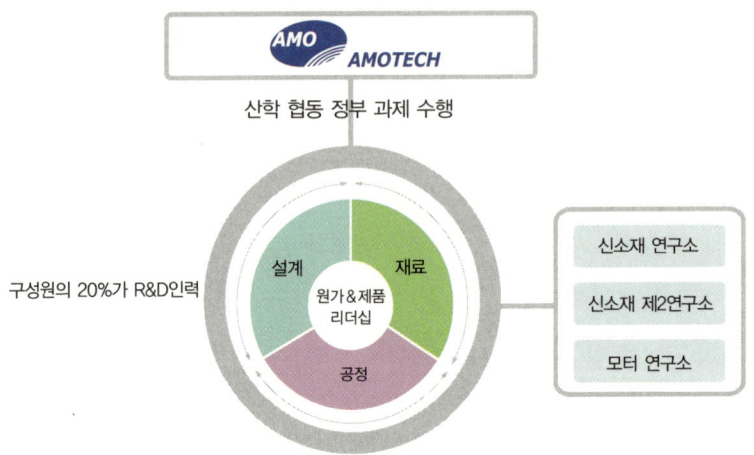

　　제2신소재 연구소는 아모텍에서 현재 공급 중인 세라믹 칩 부품 및 고주파 부품 관련 아이템의 소재 개발에 주력하고 있다. 고주파 · 세라믹 분야의 기술 연구를 진행하여 고객의 수요와 전방 산업의 트렌드에 맞는, 보다 특성이 향상된 소재를 개발하고 더불어 설계 및 공정 기술 개발을 통하여 해당 아이템에 대한 지속적인 경쟁력을 확보하는 것을 목표로 하고 있다. 아모텍은 그동안 자체 및 국책 과제를 수행하면서 기술 개발 역량을 키워 왔다. 기술 발전 추세와 연구 정보의 확보를 위하여 분야별로 국내외 대학 및 연구소들과 기술 개발 네트워크를 구축하고 있으며, 정부로부터 기술력을 인정받아 13건 이상의 국가 프로젝트를 수행해 왔다. 2000년 6월에는 과학기술부로부터 국가 지정 연구실로 선정되어 산업자원부의 부품 소재 산업 육성 정책에 따른 고주파 · 세라믹 분야의 기술 개발 선도 업체로 인정을 받았다. 현재 아모텍은 저손실, 저온 소성[5], 고유전율 세라믹 조성을 보강하여 세라믹 조성 온도의 유전체뿐 아니라 적층형 소자에 응용할 수 있는 저온 소성

유전체를 개발, 통신 부품으로 활용할 계획이다. 공정 기술 분야는 세라믹 소성과 전극 형성을 동시에 수행할 수 있는 핵심 기술의 개발에 초점을 맞추고 있으며 대량 생산을 위한 공정 기술 개발을 통해 기술 경쟁력을 확보하고자 노력하고 있다.

모터 연구소에서는 BLDC모터의 설계 및 구동 회로에 대한 연구 개발을 하고 있으며 목표는 최적화된 고효율, 고출력 BLDC모터 개발에 초점을 맞추고 있다. BLDC모터의 경우, 기존 AC모터와는 달리 기구적인 설계 외에 구동을 위한 회로가 모터 내부에 내장되어 있어 모터 구동을 위한 회로 설계 기술 및 모터를 운용하기 위한 메커니즘인 컨트롤 시스템이 필요하다. 모터 연구소는 전체적인 시스템 설계 기술을 확보하고자 BLDC모터 기본 설계 및 주요 설계, 그리고 자기회로 해석, 유한 요소법을 적용한 전기장 해석 모델링을 진행하는 등 3개 부분으로 나누어 전문화된 영역으로 운용되고 다수의 정부 과제를 성공적으로 수행하며 그 성과를 점차 확대시켜 가고 있다.

사실 중소기업은 개발 아이디어와 의지가 있다 해도 재무 구조가 열악하고 개발 자금과 연구 설비가 여의치 않기 때문에 아이디어가 제품화, 사업화되지 못하고 소위 '죽은' 아이디어로 그칠 가능성이 크다. 아모텍은 정부 정책 지원 과제를 수행함으로써 연구 개발 인프라가 부족한 현실에서 개발 비용 부담을 줄였으며, 새로운 사업 기회를 발굴하고 경쟁력을 확보할 수 있는 기반을 마련하였다. 국가 차원에서 정책적으로 이러한 기업의 우수 기술 개발을 장려하고 시장 진입을 유도한다면 시장 활성화와 국가 경쟁력 제고를 동시에 도모할 수 있을 것이다. 중소기업이 자생적 조직력과 경쟁력을 갖

---

[5] 낮은 온도에서 소성 가공이 가능하다는 의미이다.

추기까지 기술 육성 및 개발 지원, 세제 및 금융 지원, 홍보·마케팅 지원, 인력 매칭 및 고용 지원 등 정부 차원의 적절하고 다각적인 지원이 필요한 것이 바로 이런 이유 때문일 것이다.

중소기업 연구 개발 지원-사업화를 통한 매출 증가-고용 창출의 선순환 구조를 구축한다면 실업 문제에도 긍정적인 효과를 미칠 수 있다. 부품 소재 산업에서 우수 기업을 육성하기 위해서는 기술적 자립과 경쟁 우위를 확보해야 하며, 기초 소재 산업 및 부품 산업의 기술 육성, 차세대 선도 기술 및 융합 기술 개발, 원천 특허 확보를 위한 지적 재산 연구 개발 연계 지원에 있어 체계적인 국가 정책이 뒷받침되어야 할 것이다.

기술 개발을 통해 "세계 최고의 제품을 세계 최초로 시장에 출하한다."는 회사 목표에 따라 아모텍은 연구소를 통해 발굴된 유망한 신규 제품 개발에 막대한 R&D 투자와 기술 인력을 쏟아붓고 있다. 매출액 대비 R&D 투자 비중도 일반 강소기업 평균인 3.65퍼센트를 훨씬 상회하며 석·박사 인력이 전체 인원의 30퍼센트 이상을 차지한다(〈그림 6〉 참조).

〈그림 6〉 아모텍의 매출액 대비 R&D 투자 비중

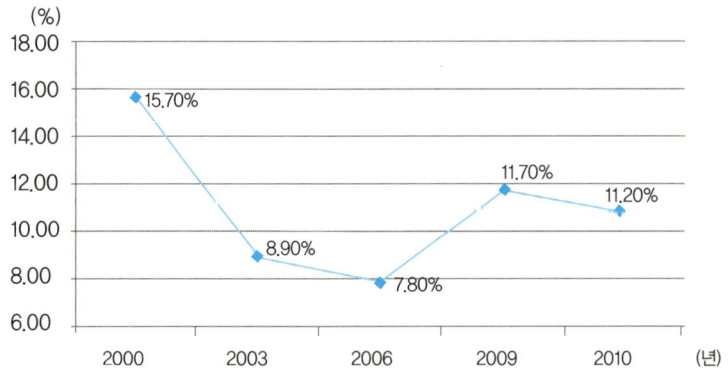

2009년 11월 KRX 엑스포 개막식 행사에 참가한 김병규 대표이사가 아모텍 전시관을 방문한 VIP와 관련 임원들에게 BLDC모터 제품을 소개하고 있다. KRX 엑스포는 한국거래소가 매년 주최하는 행사로 국내외 상장 기업은 물론 국내외 투자자, 애널리스트, 언론기관 등이 참석하여 상장 기업과 투자자들 간 소통할 수 있는 기회를 마련하는 장이다. 아모텍은 2009년부터 2년 연속 KRX 엑스포에 히든 챔피언 기업으로 참석하였다.

세계로 향하는 아모텍

현재 아모텍은 미국, 중국, 유럽, 타이완臺灣 등에 모두 4개 지사를 보유하고 있고, 특히 중국에는 2개의 생산 법인과 4개의 영업 지점을 운영하고 있다. 생산 기지로서 중추적 역할을 수행하고 있는 생산 법인은 '산동아모텍'과 '청도아모텍'이다. '산동아모텍전자유한공사'는 중국 산동山東성 쯔보淄博 시에 위치해 있는데, 2003년 7월에 설립되었고, 2005년 9월 증설·이전되었으며, 주로 디스크 바리스터, 안테나 등 수출용 전자 부품을 임가공 제조하는 제조 법인이다. '청도아모텍유한공사'는 중국 칭다오青島 시에 위치해 있으며, 2006년 5월에 설립하여 2007년 9월 기공식 후 현재 BLDC모터 및 신제품 등 임가공 제조를 하고 있다. 한편 글로벌 마케팅 네트워크를 구축하기 위해 설립한 7개의 판매 법인은 베이징, 상하이, 선전, 샤먼 등 중국의 4곳과 미국, 영국, 타이완에 한 곳씩 있다.

아모텍은 창업 초기부터 주 고객이 타이완의 컴퓨터 OEM 업체였다. 때문에 해외 영업에 대한 경험이 풍부했고, 시간이 지남에 따라 중국 및 타이완 시장에 익숙한 직원도 보유하게 되었다. 또 초기부터 특정 기업에 의존하는 비율을 낮추기 위해 고객의 다변화를 꾀하였고, 그 일환으로 일찍부터 미국과 유럽 등에 판매 지사를 설립, 운영하였다.

앞서 소개한 대로 중국 수출용 휴대폰 개발자들이 주로 아모텍의 칩 바리스터 제품을 많이 활용함으로써 중국의 휴대폰 업체를 고객으로 확보하기 용이했을 뿐 아니라 삼성전자와 LG전자에 납품한다는 사실도 성과로 인정받아 소니 에릭슨 등에도 납품할 수 있었다. 또 칩 바리스터 대신 TVS 다이오드[6]를 주로 사용해 온 모토로라를 상대로 아모텍의 칩 바리스터를 채용하도록 함으로써 고객 확대의 성과를 거두었다.

애플의 아이팟이나 아이폰에도 아모텍의 칩 바리스터 제품이 들어간다. 이는 미국 지사의 영업 엔지니어가 지속적으로 애플 사의 문을 두드렸고, 아모텍 제품이 시장 점유율 1위에 올라 모토로라나 소니 같은 세계적인 제품에 들어가게 됨으로써 가능하게 된 결과라고 할 것이다.[7] 유럽의 경우는 우리나라 삼성전기와 같은 성격의 EPCOS라는 독일 지멘스의 자회사가 시장을 석권하고 있어서 진입이 용이하지는 않다. 현재는 노키아Nokia에 EPCOS, TDK, AVX 등이 납품을 하고 있으며, 아모텍은 중국 등에 있는 노키아 OEM 생산업체들에 우회 공급하고 있다. 아모텍의 매출액 대비 수출액의 비중은 2003년 51.9퍼센트에서 2010년에는 84.6퍼센트로 성장하였다.

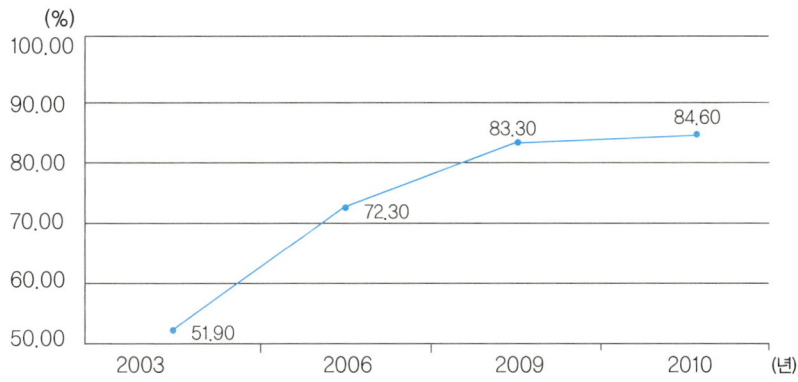

〈그림 7〉 매출액 대비 수출 비중

---

[6] 정전기를 예방하는 부품으로 칩 바리스터 외에도 TVS 다이오드가 있다. 이 제품은 칩 바리스터에 비해 성능 품질이 좋기는 하지만 크기가 크고 값이 비싸다.

[7] 현재 아이팟이나 아이폰에 들어가는 우리나라 부품 소재는 많지 않다. 삼성전자의 반도체와 LG 디스플레이의 LCD, 삼성전기의 MLCC 등을 들 수 있으며 중소업체로는 아모텍 등이 있다.

: 아모텍의 비전과 조직

비전과 조직 문화

아모텍의 비전은 'IT, 에너지, 그리고 통신 분야에서 세계적인 리더'가 되는 것이다. 경영 목표 또한 '세계에서 최고World Best'의 혁신적인 제품을 '세계에서 최초로World First' 개발하여 사업화하는 것이다. 실제로 그동안 아모텍이 개발한 제품들인 아모퍼스 코어 제품이나 칩 바리스터, 차량용 내비게이션에 들어가는 패치 안테나, BLDC모터 등은 우리나라에서 최초일 뿐 아니라 세계에서도 앞선 제품이었다. 이 중 칩 바리스터는 세계 시장 점유율 30퍼센트로 1위이며, 차량 내부 온도 센서용 BLDC모터는 80퍼센트가 넘는 압도적인 시장 점유율을 갖고 있고, 차량용 패치 안테나도 내장형 내비게이션용 안테나 시장에서는 세계 시장 점유율 1위를 자랑하고 있다.

이런 비전은 임직원에게 고스란히 스며들어 남이 개발한 아이템을 모방하는 것을 매우 꺼려하고, 남들이 하지 않지만 미래 가능성이 높은 제품의 개발에 집중하는 쪽으로 전사적 마인드가 결집되는 효과를 낳았다. 구태의연한 의사 결정 구조, 하향식 지시 전달 체계에서 과감히 탈피하여 제안자의 의견을 신속하게 반영, 피드백을 제공하고, 일단 방향성과 아이디어, 시장성이 있다고 판단되면 그 즉시 신속하게 대응하여 일을 추진하고 있다. 이것은 물론 원천 기술을 바탕으로 한 기술 융합을 통해 미래 사업을 개척하겠다는 의지와 6시그마[8]를 바탕으로 업무 프로세스를 지속적으로 합리화하고 효율을 극대화하여 품질 향상과 원가 절감을 달성하고, 세계 시장에서 끝까지 최고가 되겠다는 의지가 있기에 가능한 것이다.

---

[8] 품질 혁신과 고객 만족을 달성하기 위해 전사적으로 실행하는 21세기형 기업 경영 혁신을 말한다.

〈그림 8〉 아모텍의 비전과 조직 문화

　아모텍은 각각의 사업에 대해 개발과 생산, 영업을 책임지는 자기 완결적인 사업부 조직 구조를 갖고 있는 것이 특징이다. 이는 좁은 분야에 집중함으로써 세계 최고의 혁신 제품을 만들고자 하는 목적에서 출발한다. 현재 아모텍은 칩 바리스터 등 정전기 관련 부품을 책임지고 있는 바리스터 사업부와 안테나를 담당하는 안테나 사업부, 그리고 BLDC모터를 담당하는 모터 사업부 조직, 공통 서비스를 제공하는 경영 기획과 경영 관리 조직으로 구성되어 있다.

　비록 3개 사업부가 소재에 대한 원천 기술을 공유하고 있기는 하지만, 사업부 탄생의 역사적 배경이나 제품, 고객, 일의 특성이 다르고 나아가 사업 성공의 핵심 전략에서 차이가 나는 까닭에 분리하는 것이 더 효율적일 뿐 아니라 고객 만족의 측면에서도 더 효과적이라고 판단했기 때문이다. 실제 사업부 간 위치도 인천과 평택으로 나누어져 있고 손익 계산을 사업부별로

〈그림 9〉 아모텍의 조직 구조

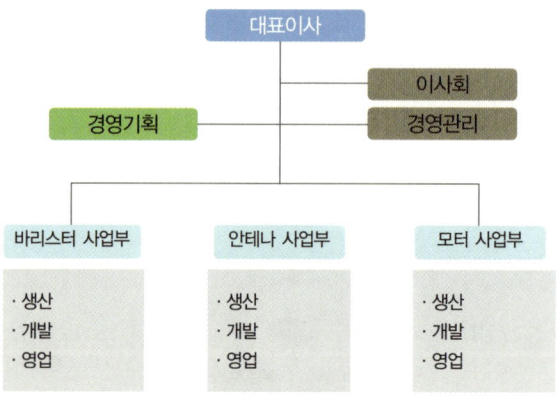

따로 할 뿐 아니라 구성원에 대한 경제적 보상도 각 사업부의 성과에 따라 차이가 난다. 하지만 김 대표는 비록 사업부는 분리하여 운영되더라도 구성원 전체가 같은 조직 문화를 공유함으로써 세계 1등이라는 회사의 비전을 이루어야 한다고 생각한다. 아모텍의 조직 문화를 나타내는 키워드는 믿음, 소망 그리고 사랑이다. 기업 구성원, 제품, 고객이 서로를 신뢰할 수 있는 믿음의 문화와 고객 기업 구성원이 비전을 공유하며 함께 미래를 향해 나아가는 소망의 문화, 그리고 정직한 사업을 통해 창출한 이윤을 나눔으로써 기업의 사회적 책임을 충실히 수행하는 사랑의 문화를 실천하고자 하는 것이 김 대표의 생각이자 아모텍 구성원들이 공유하는 조직 문화라고 할 수 있다. 이를 실현하기 위해 구성원들은 도덕, 창조, 최고, 인화라는 4가지 핵심 가치를 실천하고 있다. 그중에서 아모텍이 가장 강조하는 것은 인화인데, 이는 제조업에서는 스타 플레이어 혼자 빛나는 것보다 팀워크가 훨씬 중요하다고 생각하기 때문이다. 그 예로 바리스터 사업부의 경우, 구성원이 300명에 달하

<그림 10> 아모텍의 인재상

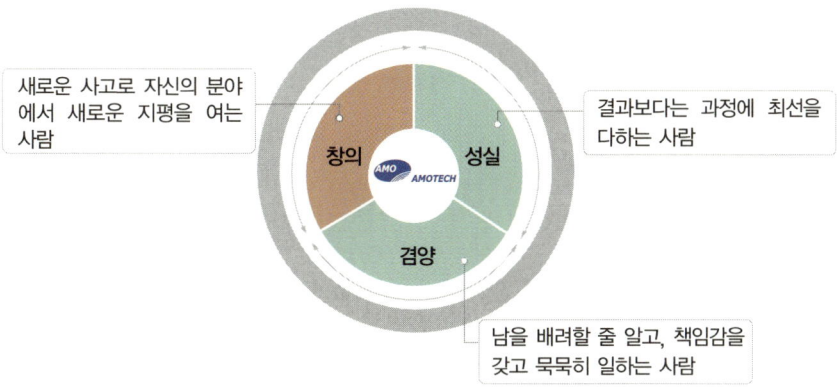

새로운 사고로 자신의 분야에서 새로운 지평을 여는 사람

결과보다는 과정에 최선을 다하는 사람

남을 배려할 줄 알고, 책임감을 갖고 묵묵히 일하는 사람

는데도 조직 내 역할의 짜임새가 좋아 문제가 발생해도 대응력이 매우 빠르다. 항상 팀워크 단위로 문제를 토의해 해결하기 때문이다. 이러한 이유로 아모텍에서는 채용 시 능력이 우수하더라도 조직과 융화되지 못하는 사람보다는 구성원들과 어울릴 줄 하는 선량한 인재를 선발하고자 한다.

아모텍의 이러한 조직 문화는 인력 관리와 신규 사업 개발 패턴, 그리고 성과 관리 등에서도 잘 나타나는데, 예를 들어 구성원 간 실적에 대한 경쟁이 상대적으로 첨예하지 않고 도덕적으로나 업무적으로 커다란 문제가 없는 한 엄격한 문책을 하지 않는 편이다. 구성원의 고용 보장에 대한 책임감 역시 매우 크기 때문에 보통의 중소기업과 다르게 생산직 인력 전원이 정규직이며, 중국의 공장 역시 현지 인력을 정규 직원으로 채용하여 운영하고 있다. 또 직원의 적성이 일과 맞지 않더라도 해고하기보다는 업무를 전환해 주는 배려를 하고 있고, 기존의 인력들을 신규 사업으로 전환시킴으로써 인력의 노화 현상을 해결하고자 노력하고 있다. 성과 관리에 있어서도 승진 시

능력에 따른 성과도 따지지만 구성원들의 나이나 경력도 고려해 능력이 좋은 직원에게는 직위보다 높은 연봉으로 보상함으로써 전체적인 형평성을 맞추고 있다. 금전적인 보상 외에도 임직원 추천 제도나 우수 사원 표창 제도 등을 통해 우수한 인재들의 자긍심을 높임으로써 임직원들의 동기 부여를 높이고 있다.

아모텍의 인사 원칙은 믿음, 열정, 그리고 보상으로 공평하고 동등한 기회를 제공하고 개인의 창의와 자율을 존중해 직원들이 자신들의 능력을 최대한 발휘할 수 있도록 하고 있다. 또 새로운 인재를 영입하기보다는 내부의 인재를 발굴하고 육성하는 데 힘쓰고 있으며 이를 위해 다양한 교육 제도도 갖추고 있다. 기업 문화 교육, 계층별 교육, 신입사원 입문 교육, 직무 위탁 교육, 사내 강사 양성 교육, 어학 교육 등 전 임직원을 대상으로 체계적인 교육을 운영하고 있는 것이 그것이다.

아모텍 성장의 주역, 핵심 인력

이렇게 안정적인 조직 문화를 입증하듯 다른 중소기업과 달리 아모텍은 창업 멤버를 포함한 임원진의 이탈이 거의 없으며, 오히려 우수한 임원진을 추가로 영입해 회사를 이끌고 있다. 아모텍 최초의 창업 멤버는 주로 김병규 대표이사의 학교 후배로 이루어져 있으며 영업의 조원복 전무, 안테나 사업부의 김동훈 상무, 그리고 아모그린텍 연구 개발을 맡고 있는 송용설 전무 등이 있다. 이들은 김 대표와 함께 초기 사업의 기반을 다지는 데 큰 역할을 하였다. 그러다 2000년대 들어 동양화학에서 세라믹 관련 제품을 개발하던 정준환 부사장이 입사하여 전체 사업을 총괄하게 되면서 초기 바리스터 제품의 성장에 크게 기여하였다. 한보철강에서 금속 개발을 하던 이명렬 전무는 칩 바리스터 제조 담당으로 대량 생산에 따른 설비 최적화, 인프라 구축 및 표준화에 기여함으로써 양산에 큰 역할을 하였다.

아모텍은 다른 중소기업과 비교해 주요 인사 구성이 매우 우수한 편이다. 그 이유로는 크게 2가지를 꼽을 수 있는데 첫째는 김 대표의 대학교 후배로 맺어진 인연이 많다는 것과 두 번째로는 아모텍이 성장함에 따라 능력 있는 사람을 영입할 수 있는 여건이 갖추어졌다는 점이다. 임원진 간 의사소통은 김 대표를 중심으로 이루어지기 때문에 서로 간에 큰 간섭이 없다는 점이 특징이며, 김 대표 역시 이들이 이끄는 사업을 균등하게 지원하고 있다. 임원진 각각이 개별적이고 독립적인 편이라 흔히 기업 조직 내에서 일어나는 임원진 간 세력 싸움이 없다는 것도 장점이다. 이렇게 특이한 조직 문화는 기업 내 주요 사업 아이템끼리 분리해서 책임 임원의 주도 아래 독립적으로 성장시켜 나가기 때문이기도 하며, 각각의 임원들이 주로 엔지니어 출신으로 연구 개발에 몰입해 정치적인 세력 싸움에 관심이 없기 때문인 것으로도 보인다.

김 대표는 전체 사업 조직에 걸쳐 구성원들에게 통일된 소속감을 심어 주는 데 핵심 역할을 하고 있다고 할 수 있다. 구성원들이 김병규 대표를 믿고 따르는 데는 크게 2가지 요소가 있다. 첫째는 CEO의 사업에 대한 열정, 그리고 두 번째는 도덕적인 청결함이 그것이다. 김 대표는 각 사업장을 직접 방문하면서 현장을 꼼꼼히 살피고 특허, 경영, 원가 절감 등 다양한 주제로 임직원 회의를 주최하여 사업의 발전은 물론 임직원들 간 커뮤니케이션 강화까지 꾀하고 있다. 더불어 도덕적으로 깨끗한 모습을 말보다 행동으로 실천하여 꾸준히 보여 주고 그것을 직원들에게 인정받는 것은 정말로 어려운 법이다.

많은 중소기업에서 회사가 성장한 뒤에 우수한 인력이 역유출되어 회사가 막대한 손해를 보는 경우가 많은데 아모텍의 경우 임원진의 퇴사가 거의 없다. 처우가 유별나게 좋은 것은 아니지만 회사, 곧 CEO가 비전을 제시하고 믿음을 주며, 자신들이 원하는 것을 할 수 있도록 장려하는 분위기를 매 순간 조성하기 때문이다. 특히 갈등이 일어날 경우 공개적인 커뮤니케이션을 통해 해결하고 있어 작은 갈등이 심화되어 회사 전체의 분위기를 망치는 일이 생겨난 적은 한 번도 없다. 김 대표 자신은 애초 '믿음'으로 회사를 세웠고, '소망'으로 키웠으며, 회사 구성원이나 고객들과 '사랑'을 나눈다는 변치 않는 경영 철학을 가지고 있기에 종업원과 경영진의 '신뢰', 직장에 대한 종업원의 '자부심', 함께 일하는 '즐거움'을 바탕으로 '일하기 좋은 회사, 행복을 느낄 수 있는 회사'가 되기 위한 노력이 흔들리지 않을 수 있었다고 한다.

아모텍이 그동안 몇 차례나 닥친 힘든 시기를 잘 극복하고 지금의 위치에 오를 수 있었던 이유는 무엇보다도 제품에 대한 내부 구성원들의 자신감과 신뢰에서 찾을 수 있다. 지금 이 순간에도 경영진과 직원들이 한마음으로 세계 최고의 제품을 만들겠다는 신념을 갖고, 그 기반 위에 기술력을 차곡차곡 쌓아 완성해 나가고 있는 강소기업 아모텍의 미래가 기대된다.

<표 6> 아모텍의 성장 과정과 성과

생산 품목(개발 연도)	2000	2003	2006	2009	2010
칩 바리스터 매출액(1998)	–	310억	464억	471억	494억
세계 시장 점유율		25%	28%	30%	30%
01005 바리스터 (2010)	–	–	–	–	17억
아모다이오드(2006)	–	–	–	38억	57억
파워인덕터(2008)	–	–	–	3억	23억
칩 안테나(2003)	–	–	67억 (국내시장 25%)	121억(n/a)	111억 (n/a)
패치 안테나(1998)	–	22억	59억	60억	97억
		10%	30%	32%	
BLD모터(1996)	–	19억	76억	53억 (국내시장 75~80%)	
총 매출액	120억	406억	693억	757억	
수출액 비중	–	51.90%	72.30%	83.30%	
R&D 투자 비율	15.70%	8.90%	7.80%	11.70%	
자산 규모(억 원)	240	679	1,064	1,588	
영업 이익(억 원)	-31	114	88	62	
종업원 규모	–	375명	441명	625명	
기술 인력 규모	–	41명	65명	88명	

(단위: 억 원) 자료원: 사내 자료

<표 7> 기술 개발 활동 및 기술 능력

발전 과정(단위: 건)	1994~1996	1997~1999	2000~2002	2003~2005	2006~2008	2009~2010
지식 재산권						
국내 특허 수	4	13	13	19	73	89
해외 특허 수	0	23	11	8	18	62
산학연 공동 개발 건수	–	–	–	1	1	4
정부 정책 지원						
기술 개발 프로젝트				4	3	5
자금 지원					2	

2. 알에프세미(RFSemi): 휴대폰 강국의 보이지 않는 주역

우리나라가 휴대폰 시장에서 세계적인 경쟁력을 가진 배경에는 휴대폰 개발과 제조에 필요한 수많은 부품과 장비 부문에서 세계 최고의 품질과 원가 경쟁력을 가진 강소기업들이 삼성전자, LG전자와 같은 대기업들의 뒤를 받쳐 주고 있기 때문이다. 대전 연구단지의 정부 출연 연구기관인 ETRI한국전자통신연구원 연구원들이 1999년 창업한 알에프세미 역시 대표적인 강소기업 중 하나이다. 알에프세미의 대표 제품은 ECM 칩으로, 소리를 전기 에너지로 바꿔 주는 마이크로폰의 핵심 부품이다. 알에프세미의 ECM 칩은 우리나라 기업의 휴대폰뿐 아니라 노키아 사의 휴대폰과 애플Apple 사의 아이폰 등 세계적인 휴대폰 모델에 탑재되어 있다. 2011년 현재 알에프세미의 ECM 칩은 전 세계 시장의 60퍼센트를 넘는 점유율을 자랑하고 있고, 특히 기술적으로 한 단계 높은 고감도 ECM 칩의 경우는 대부분의 시장을 장악하고 있다.

세계적인 일본 전자 부품 기업이 석권하고 있던 ECM 칩 시장에서 이제 창업한 지 10년이 갓 넘은 대전의 한 벤처기업이 어떻게 세계 1위의 강소기업으로 성장하게 되었는지 기술 개발 과정뿐만 아니라 글로벌 마케팅과 자금 관리, 그리고 조직과 인력 관리 측면까지 구체적으로 살펴보도록 하자.

이진효 (주)알에프세미 대표이사
1992년 올해의 과학자상
1990년 전자공학회 기술상
1984년 국민훈장 석류장

: 알에프세미의 시작과 미래, ECM 칩

마이크로폰 개요

통상 마이크라 불리는 마이크로폰은 간단히 말하면 소리 에너지를 전기 에너지로 바꾸는 기기라고 할 수 있다. 소리의 파장이 공기를 타고 퍼져 나가 마이크에 닿으면 마이크 속에 있는 진동판이 진동을 하게 된다. 이 진동이 변환 장치와 만나면서 전기 신호로 바뀌고 다시 증폭기를 거쳐 소리가 출력된다. 마이크로폰은 소리의 진동을 전기 신호로 바꾸는 변환 장치에 따라 크게 카본Carbon, 크리스털Crystal, 다이나믹Dynamic, 리본Ribbon, 콘덴서Condenser 마이크로폰으로 나눌 수 있다. 그중에서 가장 보편적으로 사용되는 것은 리본, 다이나믹, 콘덴서 마이크로폰이다.

리본 마이크로폰은 떨림판과 무빙코일 대신 주름진 얇은 금속 리본을 자기장 안에 매달아 음파가 리본에 도달하면 리본이 진동하면서 자기장을 형성하고 이에 따라 전압이 유도되는 원리를 이용한다. 음색이 매우 부드럽고 자연스러운 소리를 내며 맑은 고음을 낸다는 장점이 있지만 자극에 아주 민감해서 충격이나 급격한 음압의 변화에 약하다는 단점이 있다. 또 얇은 알루미늄박으로 되어 있기 때문에 쉽게 파손되고, 소형화가 불가능하여 스튜디오의 녹음용이나 고정밀 음향 측정용, 레코딩용으로만 가끔 사용되는 편이다.

다이나믹 마이크로폰은 변환 장치가 원통형 자석과 그것을 둘러싼 코일로 되어 있는 마이크이다. 마이크의 진동판이 코일과 바로 연결되어 있어 음파로 인해 진동판이 진동하면 자석에 감겨 있는 코일 역시 진동해 전기 에너지를 발생시키는 간단한 구조로 되어 있다. 전원이 필요 없기 때문에 사용이 편리할 뿐만 아니라 큰 음압에 잘 견뎌 내구성이 강하지만 요즘의 휴대폰 등에 사용하기에는 비교적 크기가 크다는 단점이 있다.

콘덴서형 마이크로폰은 음파를 전기 신호로 바꿔 주는 장치가 콘덴서, 즉 축전기로 된 마이크이다. 이 콘덴서는 고정극과 가변극의 얇은 두 개의 극판이 서로 마주보는 구조로 되어 있는데, 여기에 전원을 공급하면 소리에 의한 진동판의 움직임이 정전 용량의 변화로 나타난다. 이 변화를 이용하는 것이 콘덴서 마이크이다. 높고 낮은 주파수를 다 잘 받아들이며 다이나믹 마이크보다 감도가 좋기 때문에 고품질의 음향을 얻고자 하는 기기에 사용된다.

〈표 8〉 마이크로폰의 종류와 특징

종류	특징	용도
리본 마이크	- 주파수 특성이 아주 좋음 - 충격이나 진동에 약함 - 출력 감도가 낮음 - 온도나 습기에 민감함 - 가격이 고가임	- 고정밀 음향 측정용 - 방송용 - 녹음용 - 악기용
다이나믹 마이크	- 무빙코일(Moving Coil) 내장 - 다양한 가격대 구성 - 동작이 안정적임 - 외부 충격에 강함 - 온도나 습기에 영향이 적음 - 외부에서 사용 가능 - 취급이 간편하고 경량	- 보컬용 - 일반 스피치용 - 테이프레코더용 - 기타 범용으로 사용
콘덴서 마이크	- 콘덴서(축전기) 내장 - 주파수 특성이 좋음 - 고유 잡음이 적음 - 출력 감도가 높음 - 온도나 습기에 민감함 - 가격이 저가임 - 크기가 작음	- 고정밀 음향 측정용 - 방송용 - 녹음용 - 악기용 - 휴대용

가볍고 작게 만들 수 있는 장점이 있는 반면, 습기와 충격에 약하고 반드시 마이크에 전원을 공급해 주어야 하는 단점이 있다. 따라서 콘덴서 마이크는 소형 건전지를 넣거나 외부에서 마이크 케이블을 통하여 전원을 공급해 준다. 이때 쓰이는 전원을 팬텀파워Phantom power라고 하며, 48볼트의 전원이 사용된다.

ECM 칩

대표적인 콘덴서 마이크로폰으로는 ECMElectret Capacitor Microphone을 들 수 있다. ECM은 ECM 칩, 진동판, 정전필름, 전극Back Plate 등으로 구성되어 있으며 이 중 ECM 칩이 핵심 부품이라고 할 수 있다. 음성 신호가 마이크로폰에 들어오면 진동판이 움직이는데, 이때 초소형 반도체인 ECM 칩이 진동판과 정전필름의 전압 변화를 감지하여 음성 신호를 전기 신호로 변환시켜 전자 기기 본체에 전달함으로써 사람이 들을 수 있도록 해 주는 역할을 한다(〈그림 11〉 참조).

ECM은 다른 일반적인 콘덴서 마이크로폰과 달리 전극에 이온을 주입

〈그림 11〉 ECM 마이크로폰의 구성 단면도

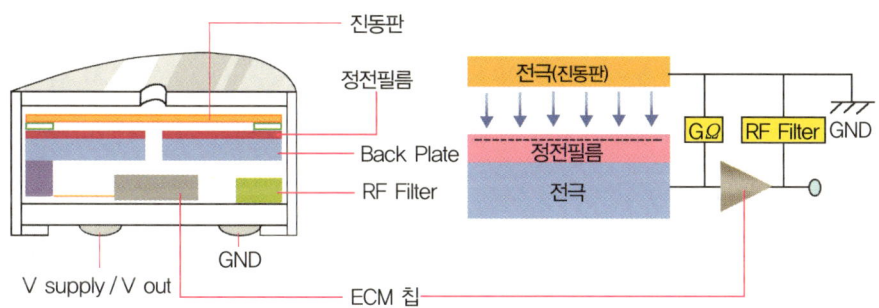

시켜 전원을 따로 공급하지 않고 자체적으로 전원이 걸리게 하여 소형화 할 수 있다는 장점을 가진다. 이러한 특징 때문에 ECM 마이크로폰은 성능이 우수함은 물론 소형화가 쉽고, 특히 아주 낮은 가격에 대량 생산이 가능하여 휴대용 전자 기기 시장을 장악하고 있다. 우리가 매일 들고 다니는 휴대폰이나 MP3 플레이어, 디지털 카메라와 캠코더처럼 음성 신호를 전기 신호로 바꾸는 소형 전자 기기에는 소형 마이크로폰인 ECM이 장착되어 있다.

ECM 칩 관련 산업은 실리콘 같은 반도체 및 패키징 재료와 관련 장비 업체를 공급자로 하고 있으며, 전방 산업으로는 1차 고객인 마이크로폰 모듈 제조업체가 있고, 2차 고객으로서 이들 마이크로폰 모듈을 사용하는 휴대폰이나 모바일 기기 제조업체가 있다. 현재 휴대폰이나 모바일 기기 산업에는 우리나라에 삼성전자, LG전자 등이 있고, 세계적으로는 노키아, 애플, 모토로라 등이 있다. 마이크로폰 모듈 산업에는 세계 시장 점유율 1위의 BSE나 ASAT, 필코씨에스티 등이 있으며, 중국의 경우 고어텍, 게탑 등 수십 개의 마이크로폰 모듈 업체가 주로 산둥, 상하이, 광둥 지역에 몰려 있다.

ECM 칩은 비록 전자 기기에서는 작은 부분에 지나지 않지만 휴대폰, MP3 플레이어, 캠코더 등 대부분의 휴대용 전자 기기에서 음성 인식 기능을 사용하고 있는 만큼 중요한 핵심 부품이라고 할 수 있다. 휴대용 전자 기기에 대한 수요가 늘어남에 따라 마이크로폰의 핵심 부품인 ECM 칩에 대한 수요 역시 빠르게 증가하고 있다는 점도 주목할 부분이다. 특히 ECM 칩의 전방 산업인 휴대폰 시장은 본격적인 휴대폰의 대중화가 시작되면서 매년 10퍼센트 이상의 가파른 성장을 거듭해 왔으며, 2007년에 출하량 기준 11억 대를 돌파하였고, 2008년에는 12억 대, 2011년에는 15억 대까지 확대될 것으로 예상하고 있다.

ECM 칩의 경쟁 기업으로는 주로 일본의 산요Sanyo, 도시바Toshiba, NEC와 미국의 내셔널 세미컨덕터National Semiconductor 등 대기업이 존재하지만 점차 시장 지배력을 잃고 있으며, 주로 일본 내수 업체를 상대로 영업을 하고 있어 매출이 위축되고 있는 형편이다. 중국에도 9파이, 6파이 마이크로폰에 사용되는 ECM 칩을 제조하는 업체는 있으나 아직까지 휴대폰 등에 사용되는 소형 칩 제조업체는 기술적인 장벽으로 인해 나타나지 않고 있다.

ECM은 1980년대 중반에 일본의 산요가 국내에 생산 기지를 만들면서 본격적으로 소개되었으며, 이후 휴대폰 등 이동 통신 기기 시장이 성장하자 여기서 파생된 마이크로폰 모듈 업체들이 국내 시장을 장악하게 되었다. 이로 인해 대부분의 국내 마이크로폰 모듈 업체들은 산요에서 제공하는 ECM 칩을 사용해 왔으며, 사실 2000년대 초까지는 ECM 칩 세계 시장의 대부분을 일본 업체들이 장악하고 있었다.

하지만 2002년 한국의 알에프세미라는 작은 중소기업이 앞선 기술력과 가격 경쟁력, 그리고 신속한 시장 대응력을 무기로 시장에 뛰어들면서 판도가 바뀌기 시작하였다. 그 후 지속적으로 ECM 칩 시장에서 성장해 오던 알에프세미는 2009년 드디어 세계 시장에서 선두업체로서 입지를 구축하게

〈표 9〉 세계 ECM 칩 시장 규모 및 전망

(단위: 백만 대)

제품별 마이크로폰	2008년	2009년	2010년	2011년	2012년
휴대폰	1,259	1,359	1,433	1,507	1,571
이어폰	1,259	1,359	1,433	1,507	1,571
기타	226	244	259	275	293
합계	2,744	2,962	3,125	3,289	3,435

자료원: 산업은행 경제연구소 산업 이슈 자료

된다. 알에프세미의 세계 시장 점유율은 2007년 21퍼센트, 2008년 38퍼센트, 2009년 50퍼센트로 그 성장 속도가 매우 빠르다. 앞으로 휴대폰의 패러다임이 터치패널에서 음성 인식으로 옮겨갈 것으로 예상됨에 따라 마이크로폰의 중요성이 더욱 부각될 것이다. 또 IT 기술의 발달로 유사 제품들이 파생되면서 사용 용도가 증가함에 따라 알에프세미의 세계 시장 점유율도 더욱 확대될 것이다.

알에프세미의 ECM 칩

현재 알에프세미에서 생산되고 있는 ECM 칩은 크기와 성능, 패키지 타입에 따라 구분할 수 있다. 먼저 일반용 ECM 칩은 입에서 가까운 곳의 음성을 전기 신호로 변환시킬 수 있는 일반 휴대폰 같은 기기에서 사용되는 칩으로 패키지 리드 프레임 형태나 CSP Chip-size package 형태가 쓰이는데, CSP형의 품질 문제로 인해 리드 프레임 형태의 ECM 칩이 주로 사용된다.

크기에 따라서 SOT 1608, SOT400, SOT300, SOT1208, SOT23, P1009, P1009T 등 다양한 패키지 형태가 있으며 점차 마이크가 6파이Φ, 마이크 크기를 결정하는 단위로 파이 값이 작을수록 소형화를 의미한다[9]에서 4파이로, 현재는 3파이까지 소형화됨에 따라 마이크에 내장되는 ECM 칩 또한 가볍고 얇으며, 작게 만들어지고 있다. 한편 고감도 ECM 칩은 영상 전화가 가능한 휴대폰이나 캠코더 등에서 사용되는 칩으로 비교적 멀리서 나는 소리도 인식해야 하기 때문에 매우 민감하고, 소음 제거 등의 높은 기술적 기능을 가진 형태의 칩이라 할 수 있다. 고감도 ECM 칩 역시 일반 ECM 칩과 같이 패키지 타입이나 형태, 크기에 따라 다양한 모델이 존재하며 주로 3G휴대폰, 고품질 휴대폰에 사용된다. 〈표 10〉과 〈표 11〉은 각각 일반 ECM 칩과 고감도 ECM 칩의 제품 종류와 그 크기를 보여 주고 있다.

〈표 10〉 일반 ECM 칩 제품 종류

제품명	패키지 타입	제품	크기(mm)
RJN1167	SOT1608		1.6 × 0.8 × 0.8
RJN1164	SOT400		1.6 × 0.8 × 0.42
RJN1163	SOT300		1.6 × 0.8 × 0.33
RJN1123 RJN1123K RSR1123 RJN2123 RJN5123 RJN5123K	P1208		1.2 × 0.8 × 0.33
RS900 RS903 RSR905	P1009		1.0 × 0.9 × 0.33
RS900T RS903T RS905T	P1009T		1.0 × 0.9 × 0.27
RJN595	SOT23		2.9 × 1.3 × 1.07

[9] 마이크 크기를 결정하는 단위로 파이 값이 작을수록 소형화를 의미한다.

〈표 11〉 고감도 ECM 칩 제품 종류

제품명	패키지 타입	제품	크기(mm)
RJN4163 RJN1463-16 RJN1463-24	SOT300		1.6 × 0.8 × 0.33
RS908 RSC908 RS916 RSC916 RS924 RSC924	P1009		1.0 × 0.9 × 0.33
RS908T RSC908T RS916T RSC916T RS924T	P1009T		1.0 × 0.9 × 0.27

:알에프세미의 창업 스토리

대단한 연구원

1972년 한국과학기술연구소KIST에 우리나라 최초로 반도체 장치 연구실이 만들어졌다. 이듬해인 1973년 이 연구실에 입사한 이진효 대표는 지금까지 30여 년간 한 우물을 파고 있는 반도체 1세대이다. 이 대표는 KIST 반도체 장치 연구실 재직 시 쌍극형 트랜지스터Bipolar transistor와 스테레오 앰프에 사용되는 리니어Linear IC를 개발하였다. 1976년 반도체 장치 연구실은 현재 대전 대덕에 있는 ETRI로 통합되었고, 이후 1999년 창업 전까지 이 대표는 이곳에서 26년간 왕성한 연구 활동을 하였다.

1980년대 초 VTR은 대표적인 수출 효자 품목이었다. 하지만 VTR의 핵심인 IC는 전량 일본에서 수입을 하고 있었는데, 그러다 보니 일본 업체들의 횡포로 IC 공급이 원활치 않아 VTR 제조가 어려워지기 일쑤였다. 이러한 문제점을 극복하기 위해 1982년 이 대표가 연구 책임자로 삼성, 금성(현 LG), 현대 등과 함께 핵심 VTR IC 사업 기술을 개발하게 되었다. 그러나 그 당시만 해도 VTR IC는 핵심 기술로 기술 노출을 매우 꺼려 기술 이전을 해 주는 나라가 없었다. 때문에 일본, 독일 등으로 연구원을 파견해 어깨너머 기술을 배우거나 어렵게 IC를 구입해 조사, 분석하는 등 온갖 역경을 극복하여 마침내 개발에 성공, 국산화를 이루며 안정적으로 IC를 공급할 수 있게 되었다. 이러한 노력의 결과로 이진효 대표는 국민훈장 석류장을 받게 되었으나 이러한 연구 개발의 성과는 시작에 불과했다.

이 대표가 ETRI에서 거둔 수많은 연구 개발 성과 중에서 단연 돋보이는 것은 초고집적 반도체 4M/16M/64M DRAM 기술 개발의 성공이라고 할 수 있다. 현재 우리나라는 D램 분야에서는 세계 최고의 기술력과 시장 지배력을 갖고 있는 반도체 강국이다. 이러한 배경에는 1986년부터 ETRI 주도로 시작된 초고집적 메모리 반도체 기술 개발 사업이 있다. 이 개발 사업은 시작 당시만 해도 기대 반 우려 반이었다. 또 일본 등 선진국과 기술 격차가 너무 큰 상태여서 이것을 어떻게 극복하고 따라잡는가 하는 것이 우선 과제였다. 이 대표는 이 사업의 기획 단계부터 참여하였고, 나중에는 총괄 책임자로서 매일 개발 속도 그래프를 그려 가며 공동 참여자인 삼성, 현대, LG 연구원들과 밤샘 개발에 매진하였다. 그 결과 기술 선진국들을 따돌리고 16M, 64M D램 개발에 세계 최초로 성공함으로써 오늘날 대한민국이 반도체 강국의 위상을 갖게 하는 데 일조하였다.

서툰 모험의 시작

1999년 이 대표는 안정적인 직장에서 안주하기보다는 새로운 모험을 시작하고자 ETRI 출신인 신희천, 이규홍 연구원과 합심해 마침내 사업에 뛰어들었는데, 이것이 알에프세미의 시작이다. 알에프세미RFSemi라는 이름은 이동 통신 관련 반도체를 상징한다. 법인 설립과 동시에 벤처기업으로 등록되면서 순조롭게 출발하는 듯싶던 알에프세미는 대부분의 엔지니어 출신 창업자들이 그러하듯 기술에 대한 자신감이 넘쳐 사업에 대한 구체적인 준비가 부족한 상태였다. 심지어 자신이 가진 기술을 직접 사업화하면 잘될 것 같은 자신감만 넘쳤을 뿐, 물건이 팔리고 수익이 생길 때까지 시간이 걸린다는 것을 알지 못해 초기 투자처들의 제의조차 거절했을 정도였다. 25년 넘게 연구원 생활만 하다 보니 기술에 대한 넘치는 자신감에 비해 사업에 대한 감각은 전무한 수준이었던 것이다.

서투른 사업 감각은 제품 개발에 있어서도 문제를 일으켰다. 초기에는 휴대전화용 RF 반도체 믹서고주파 신호 혼합기 및 저잡음 증폭기 반도체 등을 개발하려 하였지만 시장의 반응이 별로 좋지 않았을 뿐만 아니라 메이저 휴대전화 업체를 상대하는 것이 생각만큼 쉽지 않아 고전을 면치 못하였다. 기술이 좋다고 시장에서 다 받아들여지는 것이 아니라는 사실을 피부로 깨달은 이 대표는 아이템부터 고객이 필요로 하는 것으로 바꿔야겠다고 결심하기에 이른다. 마침 당시 대부분 마이크로폰업체에서는 산요의 ECM 칩을 쓰고 있었는데 가격이나 납기 측면에서 불만이 대단하다는 말을 관련 업체로부터 듣게 되었고, 자신들이 시장성 있는 제품을 생산할 수 있다는 생각을 하게 된다.

사실 ECM 칩을 개발하는 데 쓰이는 기술은 창업할 때 추구하던 기술과 크게 관련은 없었지만 오히려 쉽게 개발할 수 있는 제품으로 만만하게 생각한 것이 사실이었다. 실제로도 ECM 칩 개발은 그리 어렵지 않았으나 이의 상업화는 생각보다 순탄하지 않았다. 반면 나중에 고감도 ECM 칩의 개발은 매우 어려운 과정을 거쳤으나 이 고감도 ECM 칩의 상업화 성공으로 인해 결과적으로 일반 ECM 칩의 매출도 확대될 수 있었다.

알에프세미는 당시 작은 마이크로폰 생산 업체인 '서강'으로부터 칩 개발과 관련한 자문을 구해 ECM 칩의 개발에 착수하였다. 알에프세미의 기술력이 좋았기 때문에 ECM 칩 개발은 쉽게 성공하였지만 생각만큼 시장에서 잘 팔리지 않았다. 비록 ECM 칩이 작은 부품에 불과하지만 통화라는 휴대폰 본연의 기능을 실현하게 하는 핵심 부품이기 때문에 마이크로폰 모듈 업체들이 이름 없는 중소기업인 알에프세미의 제품 사용을 꺼린 탓이었다.

당시 돈을 줄 테니 개발한 기술만 넘기라는 제의도 있었지만 다른 회사의 개발 용역 역할은 하고 싶지 않았기 때문에 이를 거절하고 과감히 최종 제품을 생산할 수 있는 공장을 먼저 설립하였다. 2000년 9월 전북 완주에 반도체 공장을 세워 자체 생산이 가능한 라인업을 구축하였으며, 10월에는 일반 ECM 칩을 개발하면서 신제품 생산의 신호탄을 올렸다. 11월에는 가격이 비싼 화합물 RF 트랜지스터에 비해서 가격 경쟁력이 있는 실리콘 RF 쌍극성 트랜지스터Bipolar Transistor를 개발하는 데도 성공한다.

사실 사업 초창기인 2000년에 공장을 짓는다는 것은 당시 극심한 자금난을 겪고 있던 알에프세미로서는 무모한 도전에 가까웠다. 하지만 당시 이 대표는 회사와 공장을 지어 제품을 안정적으로 생산할 수 있는 기반을 만들어 놓으면 어떻게 해서든지 시장을 개척할 수 있을 것이라고 믿었다. 상상하기 힘든 어려움도 겪었지만 결과적으로는 그 무모한 도전이 오늘날 알에프세미를 있게 한 원동력이 되었다. 대부분 창업 초기에는 대기업에서 수주를 받아 납품하는 방식으로 사업을 시작하는 것이 보통인데, 그러다 보면 장기적으로 대기업에 종속될 수밖에 없는 구조가 된다. 이 대표는 제품에 대한 자신감이 있었기 때문에 주변에서 위험하다고 만류할 때에도 과감하게 승부수를 던진 것이다. 또 당시 패키지 업체들은 시설 투자를 한다고 해도 낮은 수익률 때문에 대부분 중국에 공장을 세우고 있었지만, 이 대표는 공정 하나하나에 기술력이 녹아 있어야 제품의 경쟁력으로 이어질 수 있다고 생각했기 때문에 국내에 공장을 짓는 것을 강하게 고집하였다. 무리한 도전이었지만 그때 한국에 공장을 짓고 패키지 라인을 보유했기 때문에 지금의 작고 얇은 제품을 완성도 있게 생산할 수 있었다.

뿐만 아니라 2001년 5월에는 반도체 기술 연구소를 설립하면서 자체 연구를 위한 초석을 마련하고, 7월에는 ISO 9001 인증을 획득하였다. 해당 기업에서 생산하는 제품이 국제 표준 규격임을 증명해 주는 ISO 9001 인증 획득은 후에 알에프세미가 해외 시장에 진출할 초석을 마련하는 증명서가 되어 주었다. 그해 11월에는 혁신형 기술을 가지고 제조 또는 그에 준하는 서비스를 주도하는 기업에게 주는 이노비즈 인증을 받으면서 반도체 소자 분야에서 알에프세미의 기술력을 한 번 더 입증하게 된다.

ECM 칩 개발 성공

2000년 10월 일반 ECM 칩을 개발한 알에프세미는 이듬해 1월 이를 본격적으로 생산, 판매하기 시작한다. 2000년 9월에 전주에 자체 공장을 설립한 덕에 자체 생산이 가능하게 된 것이다. 2001년 6월에는 알에프세미의 초기 제품에 사용되었던 패키지인 SOT1608의 후속작으로 'SOT400 씬 패키지Thin Package'를 개발하게 되는데, 이 제품은 높이가 0.42밀리미터에 불과해 초소형 제품에 적용 가능하게 되었다. 알에프세미가 우량기업으로 성장하기 위해서는 해외 시장 진출이 필수적이라 생각한 이 대표는 해외 시장을 끊임없이 두드린 결과 그해 10월, 드디어 일반 ECM 칩을 수출하기 시작한다. 해외 시장을 향한 첫걸음을 내딛기 시작한 것이다. 그러나 국내에서와 마찬가지로 인지도 부족 때문에 해외 시장에서의 매출은 그리 좋지 않았다.

이러한 위기를 이겨낼 수 있었던 것은 결국 알에프세미의 기술력이었다. ECM 칩은 노이즈를 제거하는 것이 대단히 중요한 포인트인데, 당시 마이크로폰 모듈 업체들은 단순히 칩을 사 와서 조립만 하는 수준이었기 때문에 제품에 불량이 발생해도 문제가 무엇인지 분석조차 하지 못했다. 그럴 때마다 미래 고객에 대한 서비스라는 생각으로 제품의 문제점을 분석하고 해결해 주면서 조금씩 마이크로폰 모듈 업체의 신용을 얻기 시작한 것이다. 지성이면 감천이라고 했던가, 성심 성의껏 도와준 알에프세미에게 호의적인 태도를 보이는 회사가 나타나기 시작했다. 2002년, 한 중소기업에서 25만 개의 부품 생산을 요청받게 된 것이다. 당시 심각한 자금난을 겪던 알에프세미에게는 마른 땅에 비처럼 희소식이었다. 그런데 납품 일주일 후, 거래처에서 30퍼센트가 불량이라는 항의를 해 왔다. 패키지 경험 부족으로 인한 공정상의 불량이 발생한 것이었다. 어쩌면 회사가 한번에 무너질 수도 있는 큰 위기였으나 납품처는 알에프세미의 기술에 신뢰를 갖고 수정 보완의 기회를 주며 거래를 계속하였다. 기술의 특징을 이해시키고 고객 기업의 어려움을 해결해 주는 알에프세미 특유의 기술 영업으로 얻은 신용이 아니었다면 불가능한 일이었다.

2003년 6월, 'SOT300 울트라 씬 패키지Ultra Thin Package'가 개발되었다. 이는 바로 전 단계였던 SOT400보다 더욱 얇게 설계된 모델로, 높이가

0.33밀리미터에 불과한 것이다. 이제 업계의 초박형 제품 요구에 부응할 수 있게 되었고, 점점 소형화되는 ECM 칩 시장도 효율적으로 공략할 수 있게 되었다. 그동안 경쟁 업체들이 개발하지 못하던 고감도 ECM 칩의 세계 최초 개발에 성공하며 기술 선도 기업으로서의 위상을 갖게 되었고, 일반 ECM 칩과 더불어 ECM 관련 라인업을 다양화할 수 있는 발판을 마련하였다.

고감도 ECM 칩의 개발과 알에프세미의 승승장구

2000년 초, 경쟁력을 가진 아이템이 무엇인지 고민하던 알에프세미는 급속하게 발달하는 휴대전화 시장의 미래를 그려 보는 것에서 해답을 찾고자 했다. 알에프세미는 ETRI와 긴밀한 관계를 유지하고 있었기 때문에 향후 3세대 이동 통신 기술이 등장하면서 영상 통화가 대중화될 것을 쉽게 예측할 수 있었다. 이 대표는 휴대전화로 영상 통화를 하기 위해서는 음성 통화를 할 때보다 멀리서 말해야 하기 때문에 기존의 마이크로폰보다 감도가 좋은 마이크로폰이 필요할 것이라 예상하고, 이에 필요한 고감도 ECM 칩의 개발에 일찍부터 관심을 갖고 있었다.

마침 휴대폰용 마이크로폰 모듈 업체인 '서강'에서 고감도 ECM 칩 주문 요청을 받자 곧 전사적인 개발에 착수, 2003년 고감도 ECM 칩을 개발하게 된다. 하지만 개발 당시에는 지금처럼 3G폰 시장이 없었기 때문에 수요가 별로 없어 곤란한 상황에 처하게 되었는데, 마침 삼성전자에서 고감도 마이크로폰이 필요한 캠코더폰[10]을 개발함에 따라 제품의 새로운 수요처를 확보하게 되었다.

---

[10] 이 제품은 '이효리폰' 으로 더 많이 알려진 히트 상품이 되었다.

당시 알에프세미 외에도 미국의 내셔널 세미컨덕터가 비슷한 시기에 고감도 ECM 칩을 개발하면서 이 둘은 경쟁 구도에 들어가게 된다. 내셔널 세미컨덕터는 마이크로폰 시장 세계 점유율 1위 업체인 BSE구 보성전자와 전략적 제휴 관계를 맺고 독점 납품 계약을 한 상태여서 알에프세미보다 훨씬 유리한 입장이었다. 하지만 BSE로서는 미국의 내셔널 세미컨덕터의 고감도 ECM 칩이 품질 면에서 불만족스러웠기 때문에 이를 대체할 만한 제품을 계속해서 찾고 있던 중이었다. 알에프세미의 고감도 ECM 칩은 경쟁 제품에 비해 품질이나 가격 면에서 월등했을 뿐만 아니라 삼성전자에 납품하면서 대외적인 신뢰도까지 얻고 있는 상황이었기 때문에 2005년 BSE와 납품 계약을 맺게 된다. 그 이전까지 알에프세미는 마이크로폰 모듈 업체로 세계 최대 시장 점유율을 갖고 있는 BSE와의 거래 노력에서 번번이 실패를 맛보던 상황이었다.

알에프세미의 고감도 ECM 칩이 다른 경쟁사의 제품을 물리칠 수 있었던 것은 타사 제품에 비해 성능이 우수하고 크기가 더 작을 뿐만 아니라 가격도 저렴했기 때문이었다. 경쟁 회사들은 일반적으로 CMOS 소자 기술고집적, 저전력 반도체 트렌지스터를 구현하는 기술로 마이크로 프로세스 메모리 반도체 등에 사용되는 소자 기술을 기반으로 고감도 ECM 칩을 설계한 반면, 알에프세미는 자체적으로 고감도 ECM 칩을 위한 복합 소자를 개발하여 칩 설계를 획기적으로 단순화함으로써 기존 면적의 7분의 1까지 칩 사이즈를 줄일 수 있었다. 이로 인해 원가에서도 경쟁 우위를 차지하였고, 저가에 제품을 제공하면서도 마진을 낼 수 있었다. 더구나 크기가 작아 마이크로폰 모듈 업체에서 따로 패키지를 위한 추가적인 절차를 거칠 필요가 없었기 때문에 이로 인한 불량률 또한 떨어지게 되었다. 이는 ETRI 시절부터의 경험과 알에프세미 창업 이후

ECM 칩을 개발하고 이를 직접 생산하는 공장을 운영하면서 쌓은 소자 기술, 설계 기술, 공정 기술 이외에도 패키지 기술의 축적된 노하우가 있었기 때문에 가능한 일이었다.

실제로 다른 경쟁 업체들은 소형의 고감도 칩 개발에 성공하지 못하였다. 나중에 알에프세미의 칩을 분해 복제reverse engineering한 경쟁 업체가 있었는데, 칩 설계를 모방할 수는 있었으나 이를 양산하는 제조 공정의 노하우는 모방할 수 없어 결국 상용화하는 데 실패하고 말았다. 알에프세미는 이후 이 설계 기술의 노하우를 특허로 보호하였다.

고감도 ECM 칩의 우수한 품질로 인해 BSE의 신뢰를 얻게 된 알에프세미는 2006년부터 일반 ECM 칩까지 납품하게 되었고, 2007년부터는 본격적으로 납품 물량을 늘리게 된다. 이후 업계에 품질이 우수하다는 입소문이 나면서 별다른 홍보 없이 자연스레 고감도 ECM 칩뿐만 아니라 일반 마이크로폰 칩의 매출도 늘어나게 된다. 당시 대부분 마이크로폰 모듈 업체는 일본 생산 업체의 일반 ECM 칩을 사용하고 있었는데, 알에프세미는 품질과 가격 경쟁력 외에도 빠른 납기와 문제 발생에 따른 신속한 대응력을 무기로 경쟁하여 일본 업체를 물리치고 이런 모듈 업체를 하나 둘 자신의 고객으로 유치하였다. ECM 칩과 같은 부품의 경우, 마이크로폰 모듈 업체 같은 사용자 입장에서는 이를 공급하는 업체와 납기, 품질, 가격 등 여러 측면에서 긴밀하게 협조가 가능해야 문제 없이 생산할 수 있다. 하지만 일본 업체의 경우에는 ECM 칩이 자신들이 하는 전체 사업에서 아주 작은 부분을 차지하고 있기 때문에 제품에 문제가 생겨도 알에프세미처럼 성의 있고 신속한 대응을 하기가 힘들었다.

또 대기업인 만큼 대리점을 통해 거래할 수밖에 없었는데, 대리점 거래의 경우 미리 주문을 하고 일정 물량을 납품받는 식이었기 때문에 모듈 업체에서 재고 관리 문제까지 떠안아야 하는 이중 고통이 있었다. 반면 알에프세미의 경우 회사 내에서 ECM 칩이 주력 사업이었기 때문에 공급한 제품에 문제가 생기면 즉시 기술 인력들을 파견해 문제를 해결해 주었고, 신속하고 빠른 커뮤니케이션을 통해 꾸준히 품질을 개선시켜 나갔다. 더구나 해외 업체와 달리 국내에 공장이 위치해 있어 물량이 필요할 때면 언제든지 택배 등을 이용해 납품할 수 있었기 때문에 마이크로폰 모듈 업체로서는 재고 관리 문제도 덜어낼 수 있었다. 이렇듯 공급자로서 대기업이 가진 약점을 파고들어 단순한 공급자와 사용자 이상의 관계를 만든 덕분에 알에프세미는 현재 전 세계 시장의 65퍼센트 이상을 납품하는 1위 업체가 되었다.

알에프세미가 본격적으로 일반 ECM 칩까지 납품을 확장할 수 있었던 또 하나의 계기는 일본 업체들이 경제성을 이유로 기존에 납품하던 대형 사이즈 ECM 칩 모델의 공급을 중단하면서 비롯되었다. 마이크로폰 모듈 업체로서는 주력 제품은 아니지만 그래도 꾸준한 수요가 있었기 때문에 곤란한 상황에 처했고, 당시 고감도 ECM 칩을 납품하던 알에프세미에게 이 모델의 공급을 타진해 왔다. 알에프세미로서는 시장이 크지 않을 뿐만 아니라 생산을 하려면 새로운 설비에 투자를 해야 했기 때문에 위험 부담도 있었지만 거래 기업의 신뢰를 얻기 위한 일종의 마케팅 홍보 투자로 생각해 이를 수락하였다. 결과적으로 일반 ECM 칩까지 납품 물량을 늘려 오늘날의 알에프세미가 될 수 있었던 것이다.

현재 마이크로폰 시장에서 기존 일본 업체들은 그 주도권을 잃었지만 반대로 중국의 메이저 업체인 고어텍Goer Tek, 게탑Gettop, AAC 등이 무섭게 치고 올라오는 중이다. 여기에 국내 업체들까지 중국 현지에 공장을 세워 운영하고 있어 시장의 중심이 중국 쪽으로 이동하고 있는 것이 현실이다. 실제 중소 규모의 마이크로폰 생산업체까지 모두 합치면 전체 시장 중 중국이 3분의 2를 차지할 만큼 그 성장세가 두드러진다. 이에 알에프세미는 중국 시장의 중요성을 미리 인식하고 사업 초기부터 중국 시장을 계속 노크했을 뿐 아니라, 그 노력의 일환으로 중국 웨이하이威海에 현지 공장을 설립하여 시장 조사와 기술 지원 활동, 가격 경쟁력 강화에 힘쓰고 있다.

사실 반도체 관련 업체라면 누구나 ECM 칩 사업에 손을 뻗기 마련이다. 다른 제품보다 ECM 칩의 부가가치가 높을 뿐만 아니라 수요도 많기 때문이다. 하지만 쓴맛을 보고 물러나는 경우가 대부분인데, 이는 고품질의 ECM 칩을 생산하는 것이 매우 어렵기 때문이다. 이 대표는 ECM 칩 분야가 파고들면 파고들수록 어려운 분야임을 강조하고 있다. 휴대폰에서 마이크로폰의 소리 크기는 ECM 칩에 의해 좌우되는데, 사용되는 ECM 칩의 전류 분포가 일정한 범위150~350uA 이내에 들어야 제품으로서 가치가 있다. 전류의 분포가 좁은 이유는 전류의 값이 감도의 크기를 좌우하기 때문인데, 알에프세미의 제품은 일정한 전류 분포를 갖고 있어 경쟁 제품에 비해 생산 수율이 훨씬 높고 주문자의 요구 규격에 맞추어 제품을 생산할 수 있는 시스템을 갖추고 있다. 문제는 똑같은 기술로 똑같은 생산 공정을 거쳐 칩을 생산해도 그 품질의 분산이 넓다는 것이다. 휴대폰 업체에서는 매우 엄격한 규격을 원하기 때문에 이러한 요구 사항에 맞추기 위해서는 정교하게 생산 공정 기술을 조절할 수 있는 노하우가 필수적이다.

알에프세미의 생산 수율은 평균 95퍼센트 이상으로 경쟁 업체에 비해 월등히 우수하다. 이렇듯 고객이 원하는 칩을 원하는 스펙으로 제공할 수 있는 능력은 제조와 설계를 크게 구분하지 않는 개발 환경에서 비롯된 것이다.

알에프세미에서는 타이트한 품질 요구를 맞추기 위해 자체적으로 공정 관리를 매우 까다롭게 하고 있으며 여기서 쌓인 노하우는 문서로 남기지 않을 정도로 철저한 보안을 유지하고 있다. 2011년 현재 ECM 칩의 월 세계 수요량 3억 개 중 알에프세미가 2억 개로 65퍼센트에 가까운 물량을 공급해 독보적인 1위 자리를 차지하고 있다.

알에프세미의 위기와 극복

2003년 고감도 ECM 칩의 개발로 알에프세미는 생산 및 매출에 큰 전환점을 맞게 된다. 우수한 기술력으로 기존의 틀을 깨는 새로운 제품을 개발하고, 큰 회사와 경쟁해 고비를 극복하자 거래처가 늘기 시작했지만 그 때문에 다른 새로운 문제에 봉착하게 된다. 바로 자금 부족이었다.

2004년부터 알에프세미는 물건이 안 팔려서가 아니라 팔 물건을 만들 자금이 없어 어려움을 겪게 된다. 2004년 1월, 기술신용보증기금 우량기술기업으로 선정되면서 자금 사정이 풀리는 듯싶었다. 기술신용보증기금으로부터 받는 인증은 여러 가지 의미를 가지는데, 그중에서도 가장 중요한 것은 안심하고 자금 지원을 해 줄 만큼 안정적이고 내공이 쌓여 있는 기업으로 인정을 받았다는 것이다. 즉 금융권으로부터 인정을 받았기에 앞으로 자금 수급 상황이 원활히 풀려나갈 수 있게 되고, 이로 인해 발생하는 여유 자금을 연구 개발에 투자할 수 있는 계기를 마련한 것이다. 이후 향상된 제품을 가지고 시장을 공략하면 기업이 몇 단계 더 성장할 수 있게 된다.

하지만 이는 계기에 불과하였고 근본적인 자금난을 해소하기에는 당장 역부족이었다. 2004년부터 생산량이 급격히 늘자 이번에는 원자재 구입 자금까지 마련해야 하는 상황에 처했다. 은행에서는 설상가상으로 융자는커녕 기존의 차입금마저 회수하려는 움직임이 있었던 그때 알에프세미를 위기에서 구해 준 은인은 다름아닌 거래 업체의 사장들이었다. 당시 알에프세미와 소규모로 거래하던 서강, CST, 삼부 커뮤닉스의 세 업체 사장들이 5000만 원씩 1억 5000만 원을 투자해 위기를 넘길 수 있었다. 사실 이들 업체와 큰 거래가 있었던 것이 아님에도 이런 일이 가능했던 것은 알에프세미가 그동안 꾸준히 마이크로폰 생산에서 겪는 기술적인 문제들을 손수 나서 해결해 준 것이 신용의 근본이 된 덕분이다.

이로써 가장 어려웠던 고비를 무사히 극복한 알에프세미는 벤처창업투자회사들이 관심을 갖고 투자를 해 오기 시작하면서 자금난에서 벗어날 수 있었다. 2004년 7월, KTB 네트워크로부터 1차적으로 자금 지원을 받았으며, 12월에는 일신창업투자(주) 등 4개 벤처캐피털로부터 2차 자금 유치를 하게 된다. 이때부터 알에프세미는 자금난을 극복하고 정상적인 경영 궤도로 회사를 끌어올릴 수 있게 되었다.

<표 12>는 알에프세미의 생산 능력이 얼마나 확대되었는지 보여 주고

〈표 12〉 알에프세미의 생산 능력 변화 추세

연도(년)	ECM 칩 월 생산 능력(개)	웨이퍼 월 생산 능력(장)
2001	350만	
2002	350만	
2003	1,000만	
2004	2,500만	
2005	3,500만	
2006	4,500만	
2007	7,000만	
2008	15,000만	
2009	18,000만	1,000
2010	26,000만	4,000

있다. 2005년 12월에는 두 차례에 걸쳐서 수급된 자금을 바탕으로 생산 시설을 증설하게 되었고, 그 결과 한 달에 3500만 개의 제품을 생산할 수 있는 정도의 시설을 갖추게 되었다. 폭증하는 주문량에 맞추기 위해서는 당연한 조치였다. 8월에는 'P1009 울트라 씬 패키지'를 개발하면서 다양한 라인업 구축에 박차를 가한다. 2006년 1월, 2차 생산 시설 증설이 이루어져 1차 생산 시설보다 1000만 개의 가용 생산량을 늘려서 한 달에 4500만 개의 제품을 생산할 수 있는 대규모의 시설을 갖추게 되었다. 이어 같은 달, 'P1009T 울트라 씬 패키지' 개발에 성공한다. 기존의 P1009보다 0.06밀리미터 더 얇게 만든 것으로 당시 알에프세미의 기술력을 집약한 제품이었다. 11월에는 중소기업진흥공단 주관 '월드클래스 기업'에 선정되면서 알에프세미는 기술력에 있어서 세계 어느 곳에 내놓아도 손색이 없다는 공인을 받게 된다. 또 한국무역협회 주관 '100만 불 수출 탑'을 수상하며 세계 시장에서도 선전하는 모습을 보여 준다. 12월에는 중국 선전에 '알에프세미 기술지원센터연락사무소'를 설립한다. 중국 현지에서 기술 지원을 통해 자사의 우수한 기술력을 선보이며 중국으로의 진출을 꾀한 것이다. 같은 달 '제3회 대덕밸리 IT기업대상', 한국과학기술부 주관 '벤처기업대상' 장려상을 수상하였고, 2007년에는 11월에 '500만 불 수출 탑'을, 12월에 '대덕특구 기업사업화' 대상을 수상하면서 알에프세미는 그동안의 성과를 인정받는다. <표 13>은 알에프세미의 주요 성장 이력을 요약하고 있다.

    2007년 1월, 알에프세미는 세 번째 생산 시설 증설을 함으로써 월 7000만 개의 제품을 생산할 수 있는 시설을 갖추고 그동안의 위기를 모두 마무리 짓게 된다. 생산 시설 증설의 횟수가 말해 주듯이 이후 알에프세미는 초고속 성장 가도를 달리게 된다. 2007년 RF 노이즈를 완전히 필터링하는

〈표 13〉 알에프세미의 주요 성장 이력

연도(년)	내역
1999	벤처기업 등록
2000	반도체 조립 공장 완공
2001	INNO-BIZ기업 인정
2002	일반 ECM 칩 개발과, RF Transistor 개발
2003	고감도 ECM 칩 개발
2004	KTBnetwork을 비롯한 국내 유수 5개 투자사의 투자 유치
2005	P-1009 패키지 (1.0mmX0.9mmX0.33mm) 개발
2006	P-1009T 패키지 (1.0mmX0.9mmX0.27mm) 개발 과학기술부 벤처기업대상 장려상 수상 100만 불 수출 탑 수상 중소기업진흥공단 월드클래스 기업 선정 대덕밸리 IT기업대상 수상
2007	11월 코스닥 상장, 500만 불 수출 탑 수상
2008	패키지형 TVS 다이오드 출시 중국 산둥성 위해 시 제2공장 설립 자체 가공 Wafer FAB. 시설 가동 1000만 불 수출 탑 수상
2009	납세모범기업 국세청장상 수상 자체 가공 Wafer FAB. 시설 증설 LED용 TVS 다이오드 출시 IR 엑스포 히든 챔피언관 초청
2010	10년 생생 코스닥 대상 히든 챔피언상 수상 기술보증기금 성공기업인상 등 수상

소자를 개발, 이를 고감도 ECM 칩에 내장함으로써 또 다른 사업 성장의 기폭제를 마련하였고, 그해 11월 코스닥에 상장하였다. ECM 칩 시장에서 고감도 칩과 일반 칩은 각각 1대 9의 비율로 시장을 이루고 있는데, 알에프세미는 고감도 칩 시장에서는 거의 100퍼센트, 일반 칩 시장에서도 50퍼센트 이상의 시장 점유율을 보이며 명실공히 세계적인 강자로 자리매김하게 된다.

: 알에프세미의 도약 – 사업 다각화

ECM 칩으로 세계 시장 1위 자리에 올라선 알에프세미는 이에 그치지 않고 현재 MEMS 마이크로폰, TVS 다이오드, 디지털 마이크로폰 칩, 조명용 LED Drive IC 등의 개발을 통해 사업의 다각화를 시도하고 있다. <그림 12>는 이러한 사업 다각화 과정을 보여 주고 있다.

그중에서도 알에프세미가 특히 MEMS 마이크로폰을 신규 성장 동력으로 선택한 까닭은 기존의 ECM 칩이 성능 면에서 많은 장점을 가지고 있음에도 열에 약하다는 단점으로 인해 마이크로폰 모듈의 자동화 생산에 걸림돌이 되고 있기 때문이다.

휴대폰 생산 시, 표면 실장 기술SMT, surface mounting technology을 이용하여 부품들을 PCB기판에 조립하게 되는데 이때 260도까지 온도가 상승하며, 많게는 6번까지 부품이 열에 노출된다. 그런데 ECM 칩은 열에 약하기 때문에 이 과정에서 감도 저하의 문제가 발생할 수 있다. 이 때문에 삼성전자,

<그림 12> 알에프세미의 사업 다각화 과정

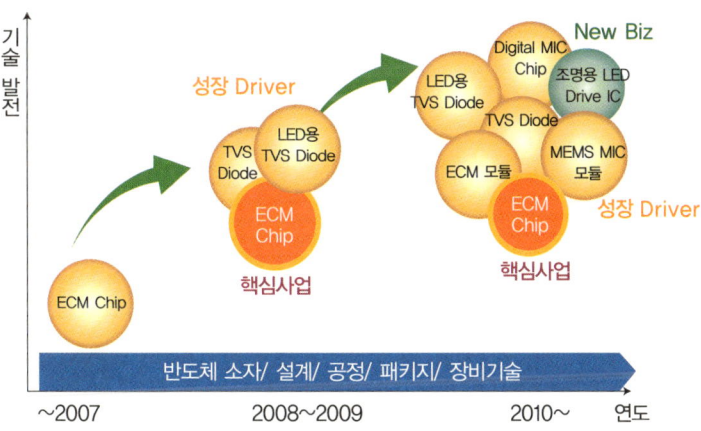

LG, 노키아 같은 최종 휴대폰 생산 업체에서는 마이크로폰 모듈을 납품 받아 일일이 기판에 납땜하는 방식으로 휴대폰을 만들어 내고 있으며, 이는 생산성 측면에서 매우 비효율적이라는 문제를 안고 있다. 마이크로폰 칩 생산 업체나 모듈 업체 모두가 이러한 고객의 불만을 해결하기 위해 자동화 생산이 가능한 마이크로폰 모듈 개발에 힘쓰고 있다.

알에프세미는 MEMS 마이크로폰이 이 문제를 해결할 방법 중 하나가 될 것으로 보고 이를 개발함으로써 마이크로폰 칩 시장에서 또 한번 우위를 점할 발판을 마련 중이다. 하지만 MEMS 마이크로폰 개발 및 상용화는 결코 쉬운 과정이 아니다. MEMS 마이크로폰에 들어가는 떨림판은 그 두께가 2마이크로미터μm 정도에 불과해 이 얇은 떨림판이 찢어지지 않도록 설계하는 것이 관건이다. 또 웨이퍼 뒷면을 갈고 자르는 등의 생산 공정에서 이 떨림판이 찢어지거나 오염될 가능성이 있어 생산 공정 설계에도 신중을 기해야 한다는 문제가 남아 있다. 이러한 이유 때문에 MEMS 마이크로폰 칩은 ECM 칩보다 가격이 높다는 단점을 안고 있다.

현재는 ECM 칩이 마이크로폰 시장의 90퍼센트를 차지하고 있어 MEMS 마이크로폰의 비중이 적은 편이지만 알에프세미는 앞으로 MEMS 마이크로폰이 대부분의 시장을 점유하게 될 것으로 보고 있기에 미래를 위한 투자를 진행하는 것이다. 현재 MEMS 마이크로폰 칩과 이를 이용한 모듈을 생산하는 업체는 미국의 놀스 일렉트로닉스Knowles Electronics와 독일의 인피니언Infineon으로, 특히 놀스 사의 경우 MEMS 마이크로폰 시장의 대부분을 점하고 있다. 알에프세미는 앞에서 언급된 MEMS 마이크로폰의 떨림판 문제를 해결하는 것은 물론 자체 개발한 소자를 이용하여 우수한 품질과 가격 경쟁력을 갖춘 MEMS 마이크로폰 모듈을 개발하고자 노력하고 있다. 특히 단순히 MEMS 마이크로폰을 생산하는 데만 그치지 않고 이를 미리 패키징한 반 모듈 형태로 모듈 업체에 납품함으로써 모듈 업체가 제품을 가공하는 과정에서 생기는 기술적인 문제들을 막고 고객사의 만족도를 높이는 방안을 구상하고 있다. 반 모듈 형태로 납품하게 될 경우 자신들의 마진을 높일 수 있을 뿐만 아니라 기존 고객인 모듈 업체를 경쟁 기업으로 만들지 않을 수 있다. 또 모듈 업체가 제품을 가공하는 과정에서 생기는 문제들이 미리 해결됨으로써 생산 수율을 높이고 모듈 업체의 고객인 휴대폰 생산 업체에도 저렴한 가격으로 제공할 수 있게 되는 이중 삼중의 부가가치가 발생한다. 이는 2011년 하반기부터 상용화가 가능할 것으로 예상하고 있어 MEMS 마이크로폰 시장에서 알에프세미의 선전이 기대된다.

TVS 다이오드ESD나 surge로 전자 소자를 보호해 주는 부품의 경우, 알에프세미가 ECM 칩 개발 과정에서 얻게 된 기술을 활용할 수 있을 뿐만 아니라 그 수요 시장이 갈수록 늘어나고 있어 차세대 신사업 분야로 선정하게 되었다. 기능면에서는 전혀 다르지만 TVS 다이오드도 ECM 칩처럼 소형화 및 패키지에서의 노하우를 필요로 한다. 특히 알에프세미가 ECM 칩을 개발하는 과정에서 정전기를 얼마나 견딜 수 있는지에 대해 연구한 것이 TVS 다이오드에 활용될 수 있는 기술이라 쉽게 제품화할 수 있었다. 얼핏 보면 패키지형 TVS 다이오드는 바리스터와 용도가 비슷해 보이지만 엄밀히 따지면 활용 분야가 조금씩 다른데, 가격과 크기에서 강점을 갖는 바리스터는 주파수가 낮은 어플리케이션에 적합한 반면 TVS 다이오드는 USB포트나 LCD 디스플레이 등에 주로 사용된다. TVS 다이오드는 기존에 알에프세미가 갖고 있는 생산 라인으로 제품을 생산할 수 있다는 장점도 가지고 있다. 사실상 TVS 다이오드는 어느 반도체 업체나 만들 수 있을 정도로 전혀 새로운 기술은 아니지만 그 시장성이 매우 크기 때문에 제품의 가치가 높다고 할 수 있다. 알에프세미의 TVS 다이오드는 현재 삼성 등에 납품하여 갤럭시SⅡ, 갤럭시 탭 등에 탑재되고 있다.

또 현재 TVS 다이오드는 서지surge 보호 소자로서 LED에 사용될 수 있는데, 향후 LED 시장이 월 20~30억 원 규모로 성장할 것으로 예상됨에 따라 그 수요가 더욱 커질 것으로 기대하고 있다. 현재 알에프세미는 서울반도체, 삼성LED, 루멘스, 일진반도체 외 LED 조립 업체 50~60여 개를 타깃으로 하고 있다. 최근 LED TV가 출시되는 등 그 수요가 급증하면서 매출이 확대될 것으로 기대된다. 물론 기존에 상대해 보지 못했던 LED 패키지 업체들을 대상으로 다시 영업을 해야 하지만, 알에프세미는 특유의 기술 영업을 활용해 고객에게 다가설 수 있다는 자신감에 차 있다.

또 알에프세미는 2008년부터 TVS 다이오드를 개발하고 지속적으로 품질 개선에 따른 가격 경쟁력을 제고해 왔기 때문에 다른 기업보다 유리하다는 입장이다. TVS 다이오드가 표준화된 제품일 뿐만 아니라 이미 세계 시장에서 TVS 다이오드의 가격이 한계치까지 내려온 상태에서 알에프세미는 더 낮은 가격으로 경쟁력 있는 제품을 제공할 수 있기 때문에 앞으로 TVS 다이오드 시장에서도 1위를 차지할 수 있을 것으로 보고 있다. 디지털 마이크로폰 칩의 경우 역시 사용자 테스트를 걸쳐 문제점들을 해결하고 2011년 하반기에는 상용화를 노리고 있다.

또 알에프세미가 새롭게 떠오르는 LED 조명 시장에서 길목을 지키고자 야심차게 준비하고 있는 제품은 LED 조명 구동 장치인 'LED Drive IC'이다. LED 조명은 크게 발광 장치, 방열 장치, 구동 장치로 나눌 수 있는데, 여러 부품으로 구성되는 구동 장치는 열에 약해 LED 조명의 수명을 단축시키는 단점이 있다. 알에프세미에서 개발 중인 LED 구동 장치는 구동 반도체로 이러한 문제점을 해결하고 고효율, 소형화, 내구성을 갖춘 제품이다.

알에프세미가 이와 같이 사업 포트폴리오를 결정하게 된 데는 회사 내 상품기획부서의 역할이 컸다. 보통 대기업이 아닌 중소기업에서 상품기획부서를 두고 있는 경우는 흔하지 않은데, 이 대표는 상품 기획이 회사의 성장 원동력을 결정하는 데 가장 중요한 역할을 한다고 생각하고 일찌감치 담당 부서를 따로 만들어 운영하고 있다. 현재 알에프세미의 상품기획부서에서는 회사의 강점 파악, 시장 조사 및 제품 경쟁력 파악을 통해 알에프세미에 가장 적합한 신제품을 기획하고 있다.

알에프세미의 기술 개발

알에프세미가 이러한 사업 다각화를 할 수 있었던 배경에는 소자급 반도체에서 반도체 설계 기술, 소자-공정 기술, 패키지 기술 등 개발에서 생산까지 전 과정의 토탈 솔루션 시스템Total Solution System을 갖추고 있기 때문이다. 즉, 여타의 중소기업과는 달리 파운드리Foundry 업체자체 공정 기술로 웨이퍼 제조를 위탁 생산하는 회사의 기술에 종속되지 않고 자신들만의 고유 기술로 독자적이고 독창적인 연구 개발과 제품 개발을 기반으로 관련 분야 제품 영역을 확대하고 있는 것이다. <표 14>는 이러한 알에프세미의 주요 기술 현황을 소개하고 있다.

이처럼 국내의 작은 기업이 세계 시장 1위의 자리에 오를 수 있었던 가장 큰 원동력은 단연 우수한 기술력이라고 말할 수 있다. 알에프세미는 자신들의 기술 개발 원동력으로 기술과 영업을 구분하지 않는 기업 환경을 꼽는다. 알에프세미에서는 관리직과 생산직을 제외한 모든 직원들을 기술 개발

〈표 14〉 알에프세미의 주요 기술 현황

주요 기술	현황
설계 기술	ECM 칩 회로 설계 기술, MEMS 마이크로폰 회로 설계 기술, 디지털 마이크로폰 칩 회로 설계 기술, 배터리 보호 회로 설계 기술, LED Driver IC회로 설계 기술 등 반도체 회로 설계 기술을 보유하고 있다. 보유한 설계 기술을 바탕으로 RF Noise 감소와 균일한 감도 특성을 위한 ECM 칩의 설계 및 기타 제품의 회로 설계를 하고 있다.
소자·공정 기술	BJT bipolar Junction Transistor, JFET Junction Field Effect Transistor, 다이오드, 기가급 고저항 등 실리콘 소자의 구조 설계 기술 및 제작 공정 기술을 확보하고 있다. 확보된 소자 기술로 ECM 칩의 구조 설계 및 제작 공정에 활용하여 감도 특성의 균일성을 높이고 열 잡음 Thermal noise을 제거하여 생산 수율을 향상시켰다.
패키지 기술	기존의 규격화된 패키지만을 사용하지 않고, 보유한 리드프레임 lead frame 설계 기술, 웨이퍼 박막 연마 Thin Wafer Back Grinding 기술, 웨이퍼 박막 절단 Thin Wafer Dicing 기술, 몰딩 Molding 기술 등을 활용하여 부품의 소형 박막화에 필요한 초소형 패키지를 개발하고 있다.
장비 기술	그동안 축적된 장비 운용 경험을 바탕으로 생산에 필요한 장비를 자체 설계·제조하여 라인에 투입, 생산성을 향상시키고 불량률을 최소화하고 있다.

인력으로 보아도 무방하다고 말하고 있다. 이 중에서 핵심 기술 인력은 20~30명이며 실제로 이들은 제품별로 나누어 직접 영업에도 나서고 있다. 알에프세미는 B2C Business to Consumer, 기업과 소비자 간 거래 기업처럼 불특정 다수의 소비자가 아닌 특정 기업들에게 제품을 공급하는 업체이기 때문에 개발과 판매 모두 기술적인 측면에서 접근하는 것이 더 전략적으로 유리하다고 판단하는 까닭이다. 알에프세미에서는 이를 '기술 영업'이라 정의하며 기술과 영업의 벽을 허물고 있다. 제품을 팔기 위해서는 제품이 가진 기술적 강점을 고객에게 정확하고 자세하게 설명할 수 있어야 하고, 납품한 제품에 문제가 생기면 즉시 해결해 줄 수 있어야 하기 때문에 기술적 배경 지식 없

이는 영업을 할 수 없다는 것이다.

현재 영업 상무이자 창업 멤버인 신희천 상무 역시 ETRI 선임 연구원 출신으로 반도체에 대한 이해가 남다르다. 신 상무는 ETRI에 1984년에 입사하여 반도체 회로 설계를 수행하였던 엔지니어 출신으로 1999년 알에프세미 창업 후에는 RF 트랜지스터 개발 및 ECM 칩 개발에 참여하였고, 창업 초기 회사들이 그렇듯이 ECM 칩 영업 업무까지 담당하였다. 신 상무는 반도체 특성을 가장 정확히 이해하는 엔지니어로서, 기술과 영업 활동을 조화시켜 고객으로부터 높은 신뢰와 호응을 얻어냈던 것이다.

욕심을 부리지 않고 좁은 범위 내에서 착실히 기술을 쌓아 가는 것 또한 알에프세미의 기술 특징이라고 할 수 있다. 현재 부품 소재 산업에서 한국은 일본보다 많이 뒤처져 있는 상태이다. 수많은 일본 기업들이 세라믹 등 특정 소재에서의 풍부한 기술 역량을 이용해 다양한 부품을 만들고 있기 때문이다. 소재 산업은 하루아침에 기술을 축적할 수 있는 분야가 아니라 몇십 년씩 꾸준히 투자해야 하기 때문에 우리 정부에서 지원 정책을 내놓아도 하루아침에 일본의 부품 소재 산업을 따라잡기는 불가능하다. 알에프세미는 막연히 소재 산업에 투자하자는 포괄적인 접근 대신 공략할 제품을 정확히 정의하고 그 제품에 필요한 소재 연구를 확대해 나가는 식으로 기술을 축적하고 있다. 알에프세미 특유의 복합 소자 개발도 이러한 접근법에서 나온 것이다. 공략 제품인 ECM 칩을 더 작고 얇게 만들기 위해 간단한 회로 구조를 개발하였고, 때문에 칩의 크기를 7분의 1까지 줄일 수 있는 복합 소자를 개발한 것이다. 일반 ECM 칩은 JFET Junction Field Effect Transistor 기술을 사용하지만 고감도 ECM 칩의 경우 JFET 기술만으로는 제품의 감도가 낮아 사용에 어려움이 있다. 이에 알에프세미에서는 자체적으로 마이크로폰용 복합 소자

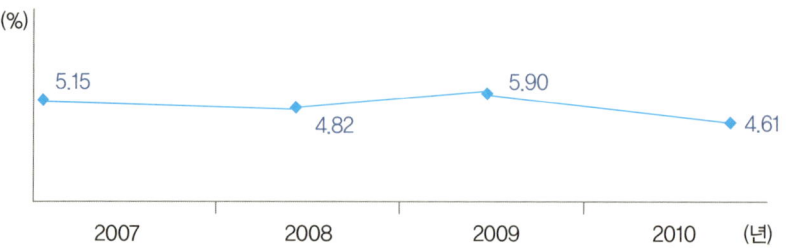

〈그림 13〉 알에프세미의 매출 대비 R&D 투자 비중

기술을 개발하여 이러한 난제들을 모두 해결하고 고감도 ECM 칩을 개발하였다. 이러한 기술 개발 역시 창업 멤버이자 ETRI 연구원 출신인 이규홍 상무가 주도적인 역할을 하였다.

하지만 알에프세미가 포괄적으로 접근하지 않고 있다고 해서 다른 기업보다 기술 투자액이 적은 것은 결코 아니다. 알에프세미의 매출액 대비 R&D 투자 비율은 <그림 13>에서 보듯이 최근 4년 평균 약 5퍼센트로 중소기업 평균인 2.06퍼센트나 강소기업 평균인 3.65퍼센트를 웃돌며, 액수로도 매년 50억 원 이상의 대규모 자금을 투자하고 있다.

알에프세미는 이렇게 차근히 쌓은 기술력으로 자사 제품의 점유율을 높이고 있다. 다른 기업들이 외면한 패키지 기술을 확보, 유지하고 있는 것도 부품에 시너지 효과를 더하기 위함이다. 전자 기기가 갈수록 소형화되면서 부품 소재 산업에서는 패키지가 얇은 제품을 만드는 것이 관건이다. 알에프세미는 기존의 규격화된 패키지만을 사용하지 않고 리드프레임 설계 기술, 웨이퍼 박막 연마Thin Wafer Back Grinding 기술, 웨이퍼 박막 절단Thin Wafer Dicing 기술, 몰딩Molding 기술 등을 활용하여 부품의 소형 박막화에 필요한 크기의 패키지를 개발하여 세계에서 가장 작고 얇은 패키지1.0mm×

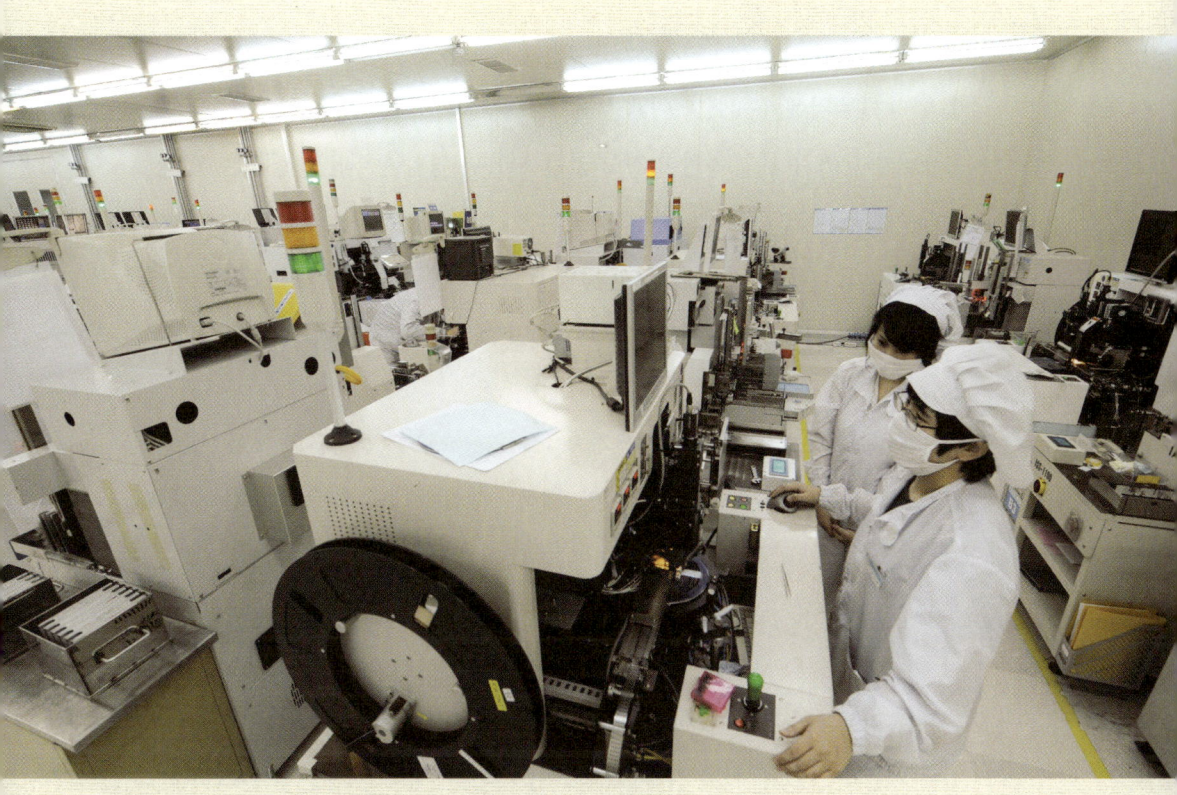

패키지 공정 중 다이본딩(Die Bonding) 공정을 하는 모습. 다이본딩 공정이란 소잉(Sawing) 공정을 통해 웨이퍼를 개개의 다이로 자른 후 단자를 형성하기 위해 리드 프레임의 패드(Pad)에 다이를 붙이는 것을 말한다. 접착 시 얇고 작은 다이가 깨지는 현상을 방지하기 위해 알에프세미는 기존의 스프링 하중 제어 방식을 개선한 전자 제어 방식을 개발하여 데이터 값을 실시간으로 보정함으로써 깨지는 현상을 해결하였다. 이 장비는 알에프세미가 협력사와 공동으로 자체 개발한 것으로, 기존 월 200만 개에서 월 1000만 개로 생산량이 증가하였다.

0.9mm×0.27mm를 비롯한 다양한 크기의 패키지를 양산하고 있다. 세계 표준을 따라가는 것에서 벗어나 이제는 세계 표준을 선도하고 있는 것이다. 알에프세미가 패키지 기술 경험이 전혀 없던 2001년 영입한 이용식 팀장은 설계뿐만 아니라 제조 공정의 노하우도 축적하며 알에프세미의 패키지 기술 개발에 기여하였다. 웨이퍼 생산 역시 알에프세미의 강점이라 할 수 있는데, 이 또한 2007년 이 분야의 전문가인 한태현 이사를 영입하면서 발전시킬 수 있었다.

현재 알에프세미는 이러한 기술들을 바탕으로 경쟁사와의 제품 성능 격차를 지속적으로 벌리고, 자신들만이 만들 수 있는 고유 제품을 생산해 내는 것을 목표로 하고 있다. 현재는 ECM 칩이라는 표준화된 제품으로 세계 시장 1위에 올랐지만 앞으로는 소자와 소재 개발 연구에 꾸준히 투자함으로써 우수한 성능의 MEMS 마이크로폰과 같이 자신들이 아니면 만들 수 없는 제품을 만들고자 하는 것이다. 알에프세미는 독점적으로 개발·판매할 수 있는 제품을 개발해 현재 전자 부품 산업에서 대기업과 중소기업 간 갑-을 관계를 타파하고자 하는 것이다.

꾸준히 학교나 국가 연구기관과 함께 공동 기술 개발 과제를 수행하고 있는 것 또한 알에프세미 기술 개발의 특징인데, 이런 공동 과제 수행을 통해 차세대 성장 원동력이 될 새로운 아이템을 찾고 있는 것이다. 사실 학교나 연구소는 기업에 비해 상대적으로 시장 상황에 어두워 현실적으로 경쟁력 있는 제품을 개발하는 데 어려움이 있기는 하지만 그럼에도 알에프세미는 지속적으로 공동 기술 개발 과제를 수행하고 있다. 알에프세미 역시 국가 연구 기관인 ETRI에서 출발한 기업인데다가 현실에 안주하기보다는 장기적인 안목으로 미래에 각광 받을 기술을 개발해 내는 것이 중요하다고 생각하

<표 15> 알에프세미의 공동 기술 개발 과제 내역

No	기간	과제명	파트너(협약 대상)
1	99.03.22.~99.09.21.	저전력 GHz급 바이폴라 소자 개발	한국전자통신연구원
2	00.01.01.~00.12.31.	저전력 바이폴라를 이용한 2GHz급 LNA 및 Mixer 집적회로 기술	정보통신연구진흥원
3	01.02.01.~02.01.31.	40MHz-1GHz급 유선방송 시스템용 광대역 선형 증폭기 모듈 개발	정보통신진흥연구원, 동양텔레콤, ICU
4	01.03.01.~02.12.31.	9GHz 실리콘 RF 트랜지스터 개발	한국생산기술연구소
5	02.09.01~03.08.31. 03.09.01.~04.08.31.	RF Noise 제거 필터를 내장한 Capacitor Microphone 칩 개발	한국산업기술평가원
6	03.10.01.~04.09.30. 04.10.01.~05.09.30.	2.5Gbps 송수신 칩 및 Evaluation 보드 개발	고려오트론
7	04.08.01.~05.07.31.	새로운 구조의 고내압 전력 소자가 내장된 smart power PWM IC 기술 개발	한국산업기술평가원
8	04.12.01.~05.11.30. 05.12.01.~06.11.30.	고SNR, 고감도MEMS Capacitor Microphone개발	산업자원부
9	00.07.01.~01.06.30.	CATV용 광대역 전력 증폭 모듈 개발	한국정보통신대학교
10	03.01.01.~03.12.31.	유선통신 방송망용 전력 증배기 개발	한국정보통신대학교
11	03.12.01.~04.12.31. 05.01.01.~05.12.31. 06.01.01.~06.12.31.	상변화 메모리 테스트 비클 제작 및 측정 방법 연구	한국전자통신연구원
12	06.09.01.~07.08.31. 07.04.01.~08.03.31. 08.04.01.~09.03.31. 09.04.01.~10.03.31. 10.04.01.~11.03.31.	Digital Electret Microphone 용 Sigma-Delta ADC 개발	한국정보통신대학교 한국정보통신대학교 한국정보통신대학교 한국과학기술원 한국과학기술원

기 때문이다. 현재까지는 주력 사업 분야인 ECM 칩에 집중하느라 개발한 기술들을 눈여겨 볼 기회가 적었지만 앞으로 이러한 공동 기술 개발이 신사업을 발굴하는 데 중요한 역할을 할 것으로 기대하고 있다(<표 15> 참조).

알에프세미는 이렇게 개발한 기술들을 관리하는 데도 남다른 전략을 쓰고 있다. 일반적인 기업의 경우 특허 건수로 자신들의 성과를 평가하기도 하는데 알에프세미는 꼭 필요한 특허만 내는 방법으로 자신들의 기술 보안을 유지하고 있다. 특허는 남이 자신들의 기술을 베낄 수 없게 방지하는 역할도 하지만, 반대로 그 내용이 모두 공개된다는 단점도 있기 때문이다. 제조 공정에 관한 특허처럼 방어적인 특허보다는 제품의 설계 구조와 같이 핵심적인 기술에 관한 특허를 내는 데 집중하면서 효율적인 전략을 취하고 있다. 특히 핵심적인 노하우의 경우에는 일부러 특허를 내지 않고 문서로도 남기지 않으며, 다만 사내에서 공유하는 형식으로 유지하는 등 취사 선택의 자세를 취하고 있다. 하지만 미래에 ECM 칩과 같이 표준화된 제품이 아니라 알에프세미만이 만들 수 있는 제품을 생산하게 되면 핵심적인 기술은 특허로 보호할 계획이다.

알에프세미의 국제화 과정

국내에서 어느 정도 성장 기반을 마련한 알에프세미는 2004년부터 중국 진출을 계획하면서 국제화를 꾀하게 된다. ECM 칩의 경우 표준화된 제품이기 때문에 수출에 있어 국내 대기업으로부터 견제를 받지 않을 수 있었다. 오히려 수출을 통해 생산 물량이 늘어날수록 규모의 경제로 인해 단가가 낮아지기 때문에 수출에 걸림돌이 될 것이 없었다. <그림 14>는 알에프세미와 거래하는 국제적인 업체들을 보여 주고 있다.

하지만 알에프세미는 중국 시장 진출 초기에 많은 어려움을 겪었다. 중국에 위치한 고어텍 등 마이크로폰 모듈 업체들을 대상으로 자사의 제품 소개가 담긴 이메일을 수차례 정성스럽게 보냈지만 답장은커녕 번번이 무시되기 일쑤였다. 중국 기업으로서는 한국에 위치한 작은 마이크로폰 칩 회사가 눈에 들어올 리 없었던 것이다. 원활한 중국 시장 진출을 위해 보다 적극적

<그림 14> 알에프세미의 국제화 현황

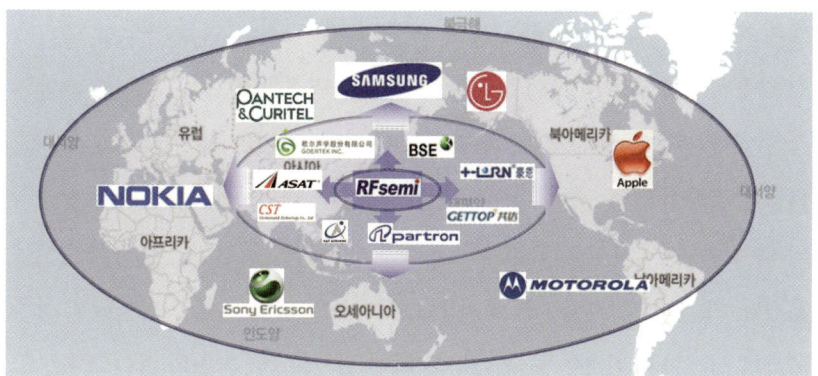

인 영업의 필요성을 느낀 이 대표는 국내 마이크로폰 모듈 업체에서 퇴임한 임원을 영입해 본격적으로 중국 시장 진출을 모색하게 된다. 이때 영입한 한인호 중국 지사장은 1980년대 초 삼성이 트랜지스터 제품으로 중국 시장에 진출하려고 할 때 홍콩 지사에서 일한 경험이 있어 중국 전자 부품 시장에 영업 인맥을 갖추고 있었다. 또 BSE 설립 초창기 영업상무였을 뿐만 아니라 이후 마이크로폰 모듈 업체인 서강의 창립 멤버로서 마이크로폰 모듈 제품에 대한 지식도 갖추고 있어 알에프세미의 중국 시장 진출 파트너로 적합한 인물이었다. 여기에 홍콩에 위치한 대형 무역회사인 림포그룹의 마이크로폰 생산 파트에서 근무하던 로저Roger라는 인물까지 영입해 중국 시장 진출 계획을 세웠다.

본격적인 중국 영업을 위해 2005년 이 대표를 포함한 알에프세미 직원들은 중국으로 출장을 가게 된다. 이들은 중국에서 머물 수 있는 며칠에 불과한 기간 동안 알에프세미를 적극적으로 알려야 하는 과제를 떠안고 있었다. 짧은 시간 동안 중국에서 알에프세미의 이름을 가장 효과적으로 알릴 수 있는 방법을 고민하던 이 대표는 중국의 마이크로폰 모듈 업체 대표들을 초청해 자신들의 제품을 알리는 대형 쇼케이스를 열기로 결정한다. 중국에 와서 즉흥적으로 낸 아이디어였기 때문에 불과 며칠의 시간 동안 이런 쇼케이스를 연다는 것은 불가능에 가까운 결단이었다. 하지만 이 대표와 중국 파트너들은 결정이 난 그 즉시 마이크로폰 모듈 업체들이 몰려 있는 중국 산둥성의 웨이팡坊에서 홍보 계획을 세우고 주변 업체들을 돌면서 신속하게 실행에 옮겼다. 또 한인호 지사장과 로저는 중국에서의 영업 인맥을 총동원해 상하이부터 선전까지 이르는 중국 중부 지역에 위치한 15~20개의 마이크로폰 모듈 업체들을 초대하였다. 놀랍게도 실제 이 행사에는 10여 개의 기업에서 17명에 달하는 대표 및 개발 담당자들이 참여함으로써 짧은 시간 동안 효과적으로 알에프세미를 홍보할 수 있었다. 이후 중국에 알에프세미의 이름이 알려지면서 적은 규모나마 계약이 성사되기 시작하였고, 광둥성의 중산中山에 처음으로 알에프세미 현지 지사를 만들게 된다. 이후 지사는 마이크로폰 모듈 업체가 많이 있는 선전으로 옮기게 되고, 알에프세미는 한국에서 직접 지사장을 파견해 적극적인 영업을 펼치게 된다.

초기에는 마이크로폰 모듈 업체와 거래 시 대부분 대리점을 통해 거래를 하였는데, 대리점 수수료로 인해 가격 경쟁력에서 뒤처지게 되자 중국의 대형 마이크로폰 모듈 업체나 전자 부품 기업과 직거래를 하기로 원칙을 세우게 된다. 현재는 지사를 폐쇄하고 홍콩에 대리점을 두어 중국 영업을 관리하고 있다.

앞서 말한 대로 알에프세미의 중국 시장 진출은 2004년부터 시작되었지만 그 노력이 빛을 본 것은 2006년에 들어서면서부터이다. 산요의 ECM 칩이 대부분의 시장을 선점하고 있어 후발 주자로서 그 틈새를 뚫기가 어려

<그림 15> 알에프세미의 매출액 대비 수출 비중

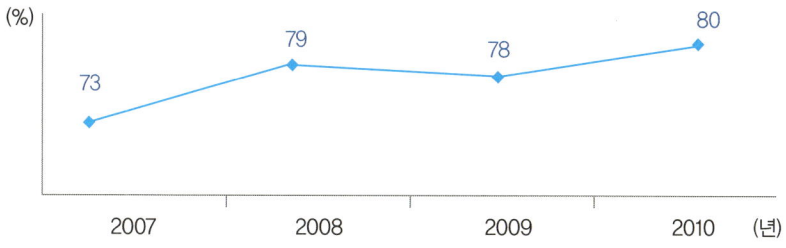

웠기 때문이다. 비교적 대형 고객에 속하는 게탑 사에 2006년부터 직거래로 납품하게 되었지만 한 달에 몇 십만 개 정도 납품하는 수준이었다. 하지만 국내 업체의 영업 경험을 바탕으로 원가 및 품질 경쟁력을 강조하고 무엇보다도 수요처의 까다로운 요구에 성실하게 대응함으로써 점차 시장을 점유해 나가기 시작하였다. 여기에 2008년 말 경제 위기 당시 환율이 중국 수출에 유리하게 작용하면서 알에프세미는 가격 경쟁력을 바탕으로 월 1000만 개 단위 수출 물량을 확보하게 된다. 앞서 시장 상황에서 소개하였듯이 전 세계의 대규모 마이크로폰 모듈 업체들은 한국과 중국에 주로 위치해 있는데, 이들 업체에 대한 공급 물량을 늘려감에 따라 차츰 산요 등 일본 경쟁 업체들을 물리치고 세계 1위의 시장 점유율을 차지할 수 있었을 뿐 아니라 고객의 다변화에도 성공함으로써 특정 고객에 대한 의존도를 낮출 수 있게 되었다. 알에프세미의 수출 비중은 <그림 15>에서 보듯이 현재 80퍼센트를 상회하고 있다.

2010년에 이어 2011년에도 알에프세미는 중국 시장에서 선전하고 있다. 현재 알에프세미와 중국 시장에서 직거래를 하고 있는 기업은 고어텍, 게탑, 혼Horn이 있으며 타이완 업체로는 메리Merry가 있다. 알에프세미는 중국 웨이하이에 공장을 설립해 2008년부터 운영하고 있지만 이는 후공정인 테스트 공정 이후 과정만 맡아서 할 뿐 핵심적인 생산은 모두 국내에서 하고 있다. 중국 공장에서는 원가 절감을 위해 인력이 많이 필요한 출하 제품 검사 및 테스트만을 담당한다. 알에프세미에서는 주문 물량이 늘어남에 따라 공장 규모를 확대할 계획을 가지고 있지만, 그럼에도 중국에서는 현재처럼 테스트 공정 및 검사만 맡아서 할 예정이다.

ECM 칩의 경우 고객이 요구하는 품질이 매우 높아 철저한 공정 관리가 필수이기 때문에 초창기처럼 핵심적인 공정은 국내 공장에서 맡아 생산하는 것을 원칙으로 고수하고 있는 것이다. 이는 알에프세미를 다른 기업과 차별화하는 데 굉장히 중요한 요소로 작용하고 있다.

일본 시장에는 과거에 SMK라는 기업에 소량 수출을 하였지만 워낙 해외 부품 사용을 꺼리는 보수적인 시장이라 중국 시장처럼 활발히 공략하기는 힘들 것으로 보고 있다. 하지만 일본 마이크로폰 생산 업체가 중국에 외주를 주는 경우가 많아 이러한 업체들을 공략하면 간접적으로 일본 시장을 점유할 수 있을 것으로 보고 있다. 일본 호시덴 업체의 경우도 중국에서 생산된 마이크로폰에 자신들의 브랜드를 붙여 판매하고 있는데, 알에프세미가 이 기업에 ECM 칩을 납품하고 있다.

:또 다른 성공의 원동력, 인재와 비전

이진효 대표는 알에프세미를 소자급 반도체 부문에서 최고의 회사로 만들겠다는 포부를 가지고 있다. 이를 위해 소자, 설계, 공정, 패키지 및 장비 기술에서 세계적인 경쟁력을 갖추고 ECM 칩 세계 시장 점유율 1위뿐 아

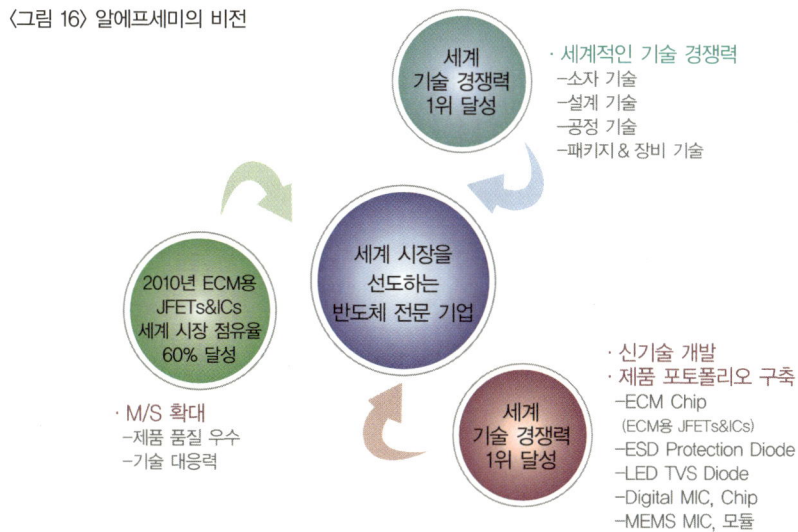

<그림 16> 알에프세미의 비전

니라 다양한 신기술 개발과 제품 포트폴리오를 구축하고자 하는 비전을 가지고 있다. <그림 16>은 알에프세미의 이러한 비전을 형상화한 것이다.

  그러나 이러한 비전을 추구하는 데 있어서 '급격한' 성장보다는 오랫동안 '지속적으로' 성장하는 회사를 지향해야 한다고 믿는다. 1999년 처음 사업을 시작할 당시에는 국내뿐만 아니라 국외에도 반도체 관련 회사들이 있었지만 빠르게 변하는 기술에 제대로 대처하지 못한 많은 기업들이 쓰러져 나가는 것을 목격한 까닭이다. 코스닥에 상장을 한 이후에도 단기적인 성장과 주가 관리보다는 지속적인 성장과 영속 기업으로 발전하기 위한 노력에 훨씬 더 집중하고 있다. 많은 벤처기업들이 기업 가치를 높이기 위해 M&A나 유행에 따른 신규 사업 진출에 더 열심일 때에도 알에프세미는 오직 자신의 핵심 기술을 기반으로 한 기업 경쟁력 강화와 신규 사업 전략을 구사하고 있을 뿐이다. 실제 기본적인 주주 배당과 직원들에 대한 인센티브를 제외한 기업 대부분의 이윤을 모두 기존 사업의 경쟁력 제고와 미래 신규 사업 개발에 필요한 기술 개발에 투자하고 있다. 이렇게 매년 이윤에서 50억 이상을 기술에 재투자하는 것도 회사의 장기적인 성장을 위해서이다.

이 대표는 살아남는 기업, 발전하는 영속 기업이 되기 위해서는 꾸준한 기술 개발뿐만 아니라 고객의 목소리에 귀 기울여야 한다는 점 역시 강조하고 있다. 기술만 믿고 시장을 외면하는 제품을 내놨다가 겪은 자금난 등 초기의 아픈 경험을 절대 잊지 않는다고 말한다. 알에프세미를 지금의 자리에 있게 한 고감도 ECM 칩 역시 시장의 변화와 고객의 요구에 귀 기울이고 예측하였기에 개발할 수 있었던 제품이라는 사실을 누구보다 잘 알고 있다. 현재 알에프세미에서는 제품 개발을 하기 전에 상품기획부를 활용해 철저한 시장 조사와 기술 동향 분석을 선행하고, 수시로 열리는 상품 기획 회의에 임원진뿐만 아니라 부장급까지 참여하게 해 의사 결정을 하고 있다.

영속 기업을 추구하는 이 대표에게 알에프세미는 경제적 가치로 환산되는 기업이라기보다 자신뿐 아니라 임직원 모두의 삶에 대한 존재 이유인 동시에 공동체로 인식되고 있다. 이러한 경영 철학은 종업원에 대한 인사 관리 방식에 그대로 투영되어 한번 알에프세미와 인연을 맺은 임직원들은 '회사의 성장과 개인의 성장을 같이 생각하는 마인드'를 갖고 있다. 알에프세미에는 첫 직장으로 입사해서 회사와 함께 성장하며 자신의 능력을 배양해 온 인력들이 많다. 그리고 가장 큰 강점은 과장과 같은 중간관리자층이 두텁다는 점이다. 회사의 핵심 멤버라고 할 수 있는 이들은 젊을 때 입사하여 10년 넘게 근무하면서 회사가 고비를 넘기고 성장해 온 것을 직접 목격하고 체험했기 때문에 자신들이 노력한 만큼 앞으로도 회사가 성장할 것이라는 확신에 차 있다. 실제로 생산직 근로자를 제외하고 연봉제를 적용받는 관리자급

〈그림 17〉 알에프세미의 인재상

도전 : 실패를 두려워하지 않는 도전과 적극적인 사고로 글로벌 시대에 선구자가 된다.

열정 : 샘솟는 열정과 패기로 세계 최고의 경쟁력 있는 회사를 만든다.

조화 : 대인과 조화, 팀별 조화, 회사와 조화를 통해 사회에 공헌한다.

인력 중에는 이직이 거의 없다. 이들은 회사에 대한 자부심과 주인 의식이 강하며, 이러한 정신은 <그림 17>에서 보는 것처럼 회사의 인재상인 도전과 열정에 큰 원동력이 되고 있다. 또 이들은 꾸준히 사내에서 경험과 기술을 학습하면서 성장해 온 인재들로 알에프세미의 기술력을 더욱 폭넓고 깊이 있게 만들고 있다. 구성원 각자가 주인 의식을 갖고 '기술 싸움꾼'이 되어 수많은 경쟁 기업을 물리치는 과정에서 자기 성장을 이루는 알에프세미의 구조는 회사가 성장하는 만큼 사람도 성장시키는 장점을 갖고 있다.

조화를 중시하고 사원들 간 정을 강조하는 기업 문화 역시 여타 중소기업과는 다르게 좋은 인재의 유출을 막는 알에프세미만의 장점이다. 회사가 재정적으로 매우 어려웠던 2002년경, 그 상황에서도 회사는 한 번도 구조조정을 하지 않았다. 관리직 월급을 반년 동안 절반밖에 줄 수 없을 정도로 힘들었지만 모든 구성원을 포용해 회사를 이끌어 지금의 자리까지 왔다. 성과도 모든 구성원들이 기여해 얻어 낸 결과라고 생각하기 때문에 이에 따른 금

〈표 16〉 알에프세미의 현황

연도				2007	2008	2009	2010
사업 부문	매출 유형	품목		제9기	제10기	제11기	제12기
전사	제품 매출	ECM 칩	내 수	3,675	3,482	5,105	5,694
			수 출	10,157	13,398	18,079	23,440
			수출 비율(%)	73%	79%	78%	80%
			합 계	13,832	16,880	23,184	29,134
			전체 수출대비 수출 비중(%)	100%	100%	100%	100%
	기타	용역 외	내 수	3,695	–	–	–
			수 출	–	–	–	–
			수출 비율	–	–	–	–
			합 계	20	–	–	–
총 매출액			내 수	3,695	3,482	5,105	5,694
			수 출	10,157	13,398	18,079	23,440
			수출 비중(%)	73	79	78	80
			합 계	13,852	16,880	23,184	29,134
영업 이익				3,857	3,872	6,059	7,510
전년대비 매출액 성장률(%)				33.0	21.8	37.3	25.6
전년대비 영업 이익 성장률(%)				14.3	3.8	56.4	23.9
매출액 대비 R&D 투자율(%)				5.15	4.82	5.90	4.61
특허 출원 수(건)				6	2	2	2
직원 현황(명)			사무직	23	25	37	45
			생산직	90	116	125	198
			기타				
			합계	113	141	162	243

전적 차별은 하지 않는다. 대신 회사에 이익이 나면 모든 구성원들에게 이익 배분Profit sharing하는 정책을 가지고 있으며, 성과가 좋은 직원은 실적을 승진에 반영하고 있다. 이 대표는 개인의 능력은 백지 한 장 차이이기 때문에

회사에서 노력을 하면 보완할 수 있으며, 한 번 직원으로 인연을 맺으면 회사 가족으로 끝까지 함께해야 한다고 믿는다. 휴일에도 필요하다면 자발적으로 출근하여 자신이 책임진 업무에 최선을 다하는 분위기는 최고경영자와 임원들의 솔선수범 때문만은 아니며, 영속 기업의 비전 하에 모든 의사 결정과 경영 방식이 장기적으로 일관성 있게 운영됨으로써 구성원들 사이에 강한 신뢰감을 형성했기 때문이라 할 수 있다. 대표의 신념과 정이 많은 기업 문화가 직원들을 하나라는 단위로 뭉치게 만들어 24시간 돌아가는 회사, 매출 세계 1위의 회사를 만들어 낸 것이다.

이 대표는 이제 기업에는 '올 라운드 플레이어All round player'가 필요한 시대라고 주장한다. 중소기업이 적은 인원으로 많은 일을 해내고 살아남으려면 분업화가 아니라 한 사람이 다양한 분야를 커버해야 한다는 뜻이다. 실제로 알에프세미는 전원이 연구 개발하고 전원이 영업한다는 생각으로 일하고 있다. 생산 현장에서도 제품을 개선하려는 노력을 하면 미래를 내다본 신제품을 개발할 수 있다고 믿기 때문이다. 현장과 연구소를 구분하지 않는 경영 정신이 오늘날 알에프세미를 있게 한 ECM 칩과 같은 제품을 만들어 냈기 때문이다. 초기 사업을 시작할 당시에는 다만 우수한 기술력만이 알에프세미가 가진 강점이었다. 하지만 현재의 알에프세미는 사업을 운영해 나가는 데서 얻은 실패와 교훈을 거울삼아 제품 혁신, 인재상, 회사의 비전을 확고히 함으로써 기업 전반적으로 자신들의 강점을 구축하고 있다. 이를 기반으로 2011년 다양한 아이템을 사업화하여 더 큰 도약을 노리고 있는 강소기업 알에프세미가 그려 갈 미래가 기대된다.

3. 이오테크닉스(EOTechnics) – 레이저 장비 업계의 '히든 챔피언'

2010년 3월 수출입은행은 34개의 '한국형 히든 챔피언'을 선정하였다. 2019년까지 총 20조 원을 투입하여 한국형 히든 챔피언 300개 사를 육성한다는 취지로 2009년에 시작된 사업인데, 이들 기업은 R&D 투자 비율이 3.6퍼센트로 중소기업 평균인 2퍼센트보다 높고, 평균 수출 비중은 매출액 대비 61퍼센트 수준으로 기술력에 기반한 수출 중심 기업들이다. 이 중 단연 돋보이는 업체가 있으니 2011년 현재 창업 22년째를 맞는 이오테크닉스EOTechnics이다. R&D 투자 비율이 매출액 대비 10퍼센트로 중소기업 평균의 5배이며, 연구 인력도 작년 기준 225명으로 전체 315명 중 60퍼센트 이상을 차지한다. 또 주력 제품인 반도체용 레이저 마킹기의 경우 국내 시장 점유율 95퍼센트, 해외 시장 점유율 50퍼센트에 육박할 정도로 시장을 선도하고 있어 한국의 대표 강소기업으로 내세우기에 부족함이 없다.

성규동 이오테크닉스 대표이사
한국광산업진흥회 부회장
한국레이저가공학회 부회장

이오테크닉스의 지난 22년간 성장 과정이 다른 기업과 어떤 차이가 있었기에 이처럼 독보적인 사업 영역을 구축할 수 있었을까? 이 과정에서 창업자의 역할은 무엇이었는가? 현재의 이오테크닉스로 성장하기까지의 과정을 살펴봄으로써 한국형 강소기업의 특징과 시사점을 알아보도록 하자.

:레이저 장비 업계의 '히든 챔피언'을 꿈꾸다
레이저 장비 산업 개요 및 특징

레이저LASER는 Light Amplification by Stimulated Emission of Radiation의 첫 글자를 따서 만든 것으로 산업적으로 적용되기 시작한 것은 1980년대부터이다. 레이저는 입력, 변환, 출력의 3가지 요소로 구성되는데 빛, 전기 또는 화학 에너지를 입력원으로 사용하고 레이저 매질을 이용하여 입력 에너지를 받아서 높은 에너지 상태, 즉 준準안정meta stable 상태로 오래 지속할 수 있도록 변환해 준다. 여기서 방출된 광자photon는 거울을 이용하여 공진시켜 광자의 개수를 기하급수적으로 늘려 가고, 일정 에너지 상태가 되면 유도 방출stimulated emission을 통해 레이저 빛이 나오게 된다. 이 레이저 빛은 일반 태양 빛과 크게 3가지 관점에서 차이가 있는데 가간섭성coherence, 단색성monochromatic, 직진성directivity이 그것이다. 가간섭성이란 간섭을 일으킬 수 있는 특성으로 이를 활용해 미세 패턴을 인식할 수 있게 된다. 또 태양 빛의 스펙트럼과 달리 레이저는 단색을 갖고 있으며, 일반 빛과 달리 잘 퍼지지 않는 성질을 갖고 있는데 이를 각각 단색성, 직진성이라 한다.

레이저의 종류는 레이저를 발진시키는 작용 매질媒質의 종류, 출력 형태, 출력 강도, 파장 등 여러 가지 방법으로 나타낼 수 있으며, 일반적으로 작용 매질의 종류에 따라 분류하는 것이 보편적이다. 고체 레이저에는 Nd:YAG 레이저 · Nd:YVO$_4$ · Ytterbium fiber · Ruby 레이저 등이 있으며, 가스 레이저로서는 He-Ne · CO$_2$ · Ar · Excimer 레이저 등이 대표적이고, 기타 Plasma X-ray · Free electron · Dye 레이저 등이 사용된다. 이 중 몇 가지 중요한 레이저를 소개하면 다음과 같다.

먼저 Nd:YAG 레이저는 YAGYttrium Aluminum Garnet에 희토류 금속인

Nd를 약 0.5퍼센트 내외로 첨가시킨 단결정을 사용하여 1064나노미터nm의 적외선 파장을 연속파나 펄스로 방출한다. 보통 YAG 봉은 직경 5/32인치, 길이 2인치를 사용하며 크립톤 플래시 램프로부터 빛을 흡수하여 펌핑한다. Nd:YAG 레이저는 냉각 효율이 레이저의 성능을 좌우한다. 레이저 봉의 온도가 낮을수록 레이저 출력이 증가하며 보통 최적 냉각 온도보다 조금 높은 온도에서 작동한다.

〈그림 18〉 ㈜이오테크닉스의 Nd : YAG 레이저

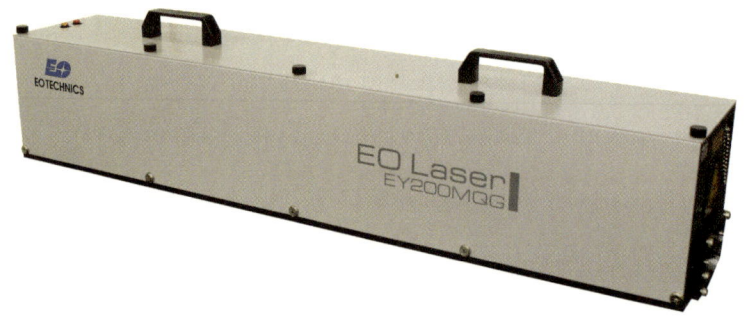

CO_2 레이저는 적외선 구역인 10.6마이크로미터㎛ 파장의 레이저를 펄스 또는 연속파 형태로 방출하는 분자 레이저이다. 30퍼센트 이상의 높은 효율과 수킬로와트kw 고출력을 내기 때문에 Nd:YAG 레이저와 함께 재료 가공에서 가장 많이 사용되고 있다. 용접, 절단, 열처리 등의 재료 가공과 군사용 및 의료용으로도 사용한다. 작용 매질인 CO_2 분자들의 진동 및 회전 준위들 사이의 전이에 의해서 레이저가 발생된다.

Fiber 레이저는 작용 매질이 반도체이며, 크기가 매우 작고 간편해서 광통신 또는 광전자 기구 등에 많이 사용하고 있다. 거울과 같은 역할을 하는 광섬유 격자Fiber bragg grating, 파장 다중화 커플러Wavelength division multiplex coupler: WDM coupler 및 한쪽 방향으로 빛을 진행시키는 광고립기Isolator로 이루어져 있다. 980나노미터 또는 1480나노미터의 레이저 다이오드로 광펌핑을 해 주고, 이때 바닥 상태에 있던 어븀erbium 원자들이 펌핑광을 흡수하여 여기勵起 상태로 올라가게 되며, 다시 안정한 상태로 내려오면 빛을 내게 된다.

국내에 레이저 기술이 처음 도입된 것은 1980년대 초로 자동차, 선박 등 중공업 분야의 절단 및 용접 공정에 처음으로 도입되었다. 그에 비해 전자 산업에 적용되기 시작한 것은 비교적 최근으로, 그 이유는 고속 스캐너 등의 마이크로 컨트롤 기술 개발이 상대적으로 더디었고 레이저 발진기의 정밀성 확보도 최근에서야 이루어졌기 때문이다. 전자 산업에서 미세 정밀 가공에 레이저 기술이 제일 먼저 도입된 분야는 반도체 노광 장비Lithography 분야로 스테퍼 장비 쪽

〈그림 19〉 ㈜이오테크닉스의 Fiber 레이저

에서 제일 먼저 도입되었다. 이후 미세 정밀 가공에 필요한 보조 기술이 확보됨에 따라 반도체 산업 내에서도 기존의 기계적 공정들인 용접welding, 절단dicing, 서명marking 등이 레이저로 대체되고 있다. 현재 레이저 응용 기술이 활용되는 분야는 레이저 노광, 레이저 보수repair, 레이저 3D 검사inspection, 레이저 서명marking, 레이저 절단cutting, 레이저 트리밍trimming, 레이저 드릴링drilling 등으로 레이저는 반도체 산업 및 전자 산업에 있어 핵심적인 제조 기술로 자리 잡아 가고 있다. 최근 들어 디스플레이 산업 및 PCB 산업에서 레이저 사용 범위가 증대되고 있으며 자동차 산업, 기계 부품 산업 등

전통적인 산업은 물론 태양전지Solar Cell 등 새로운 분야로 그 수요가 계속 확대되고 있다.

레이저 응용 기술은 반도체의 고집적화 및 전자 제품의 소형화와 더불어 지속적인 성장이 예상되는데, 그 이유는 전통적인 가공 방식으로는 미세 정밀 가공에 한계가 있기 때문이다. 반도체나 디스플레이 업계에서는 노광 장비를 활용해 패터닝patterning을 하고 이를 화학 약품을 사용하여 식각etching하는 과정이 주로 사용되며, 휴대폰에 들어가는 적층형 소형 PCB의 경우 다이아몬드를 이용한 절단 기술이 활용되어 왔다. 그러나 화학 약품을 사용하는 습식 에칭 공정의 경우 질산 등을 사용하므로 심각한 환경 오염은 물론 폐수 처리 등에 상당한 비용이 들어가며, 기존의 기계 가공은 절단기의 정밀도 확보 한계와 기계적 마찰에 따른 표면 재질 변형 등의 문제점이 있다. 이를 근본적으로 바꿔 줄 수 있는 급진적 혁신이 바로 레이저 응용 기술이다. 레이저 가공은 화학 약품으로 인한 환경 오염은 물론, 기존 가공 방식이 지닌 한계를 뛰어넘을 수 있는 차세대 기술이다.

레이저 가공은 구체적으로 다음과 같은 장점을 지닌다.

1) 다양한 제어성: 고에너지 밀도를 얻을 수 있고, 가공 형태의 변환이 자유로우며, 출력의 분할 이용이 가능하다.
2) 비접촉 가공성: 재료의 강성이나 경도에 무관하게 가공 가능하며, 비접촉 가공으로 공구의 마모나 관성에 의한 가공 오차, 소음 등이 발생하지 않는다.
3) 국부 미세 가공성: 집광 면적이 매우 작기 때문에 수십 마이크로미터의 국부 가공이 가능하며, 응력이나 뒤틀림, 기타 열변형이 거의 없다.

4) 복잡한 형태의 가공성: 가공 모양이 세밀하고 복잡해도 자유롭게 가공 가능하며 3차원 가공도 가능하다.

레이저 장비 산업 구조 및 특성

레이저 장비 산업의 주요 원재료는 레이저 발진기이다. 이오테크닉스의 경우 레이저 발진기의 약 50퍼센트 정도를 미국, 유럽, 일본으로부터 수입하고, 나머지는 자체 제작하여 사용한다. 레이저 발진기는 광자에 빛을 흡수시켜 에너지가 낮은 상태에서 높은 상태로 끌어올리는 펌프 작용 방식과 매질媒質의 종류에 따라 출력 및 특성이 다르다. 레이저는 산업 용도에 따라 출력, 펄스, 피크 값 등에 차이를 보이며 다양한 업체가 포진하고 있다. 주요 발진기 업체들은 장비 시스템 사업까지 같이 하는데, 대표적인 업체는 미국의 코히어런트Coherent, 독일의 트럼프Trumpf, 로핀Rofin 등이 있다. 미국의 사이머Cymer는 반도체 스테퍼에 들어가는 엑시머 레이저 발진기를 주로 생산하는데, 장비 시스템 회사가 아닌 삼성전자 등 최종 수요 업체에 직접 납품하는 형태를 취한다. 이오테크닉스가 2009년에 인수한 영국의 파워라제Powerlase는 규모 면에서는 이들 업체에 뒤지나 1600와트급 Nd:YAG 레이저에서 세계 최고의 기술력을 갖고 있는 것으로 알려져 있다.

이오테크닉스는 레이저 발진기의 일부는 자체 제작, 일부는 구매하여 전체적인 시스템을 구성한 후 삼성전자나 타이완의 반도체 업체인 ASE 등의 고객에게 납품한다.

레이저 산업의 전체 규모 면에서는 중공업 등에 사용되는 대규모 레이저 장비까지 생산하는 독일의 트럼프가 가장 크다. 이오테크닉스와 가장 유사한 사업 구조를 갖고 직접적인 경쟁 관계에 있는 로핀은 매출이 7000~8000억에 이르며, 이 외에 미국의 코히어런트와 현재는 뉴포트Newport 사에 인수된 스펙트라피직스Spectra-Physics 등이 유명하다. 최근 들어 중국의 레이저 장비 업체도 성장하고 있는 추세인데, 한스레이저Hans Laser가 대표적인 기업으로 주로 중국 내 정밀 가공 장비의 수요에 대응하며 빠른 성장세를 보이고 있다. 국내 업체로는 한광레이저, 한빛레이저 등이 있으나 비교적 작은 규모로 반도체 쪽이 아닌 고출력 산업용 레이저 장비 또는 범용 마킹 시장에서 활약하고 있다. 레이저 장비 업체의 경우 이오테크닉스처럼 처음부터 레이저로 시작한 회사가 있는 반면, 일본의 디스코Disco 사처럼 기존의 다이아몬드 연삭 절단 장비를 제조하던 회사가 레이저 절단 장비로 사업 분야를 확대한 경우도 있다.

  장비 산업은 특성상 경기 변동에 상당히 민감하다. 반도체, 디스플레이, PCB 공정 기술의 변화 및 신규 투자에 따라 매출의 변동이 심하며, 고객은 장비 선정에 있어 매우 보수적이다. 반도체 산업에서 마킹 공정은 가장 늦게 레이저로 전환된 공정인데 그 이유는 장비 도입 실패에 따른 비용이 크기 때문이다. 예를 들어 요즘 많이 사용되는 WSCSPWafer Scale Chip Size Package 장비의 경우 웨이퍼 상태에 직접 마킹을 하는데, 300밀리미터 웨이퍼 한 장에 약 수천 개의 칩이 집적되므로 비용이 약 수십 억 원에 이른다. 또 마지막 공정이지만 전체 공정 효율성에 영향을 줄 수 있으므로 장비의 생산성 역시 타 공정에 맞추어 끊임없이 개선되어야 한다. 따라서 간단해 보이면서 간단하지 않고, 중요해 보이지 않으면서 중요한 공정이 바로 마킹이다. 장비에 대한 고객의 품질 및 성능 요구 수준도 매우 높아 이오테크닉스가 웨이퍼 수준의 WSCSP 장비를 삼성전자에 처음 납품할 때는 검수 기간만 2년 이상 걸릴 정도였다. 참고로 일반적인 반도체 장비의 검수 기간은 6개월 정

〈표 17〉 이오테크닉스의 주요 제품

제품	내용
	GF시리즈는 플라스틱 및 알루미늄, 스테인리스강과 티타늄 같은 금속 표면에 고품질의 레이저 마킹을 하기 위하여 diode-pumped fiber 레이저를 채택한 레이저 마킹 장비이다. GF시리즈 제품의 가장 큰 장점은 초소형의 공냉식 제품으로서 사용자의 기존 handling 시스템 In-line 공정에 적용될 수 있다는 점과 함께 fiber 레이저의 특장점인 긴 수명과 저렴한 유지 비용이다.
	MGV2224T는 휴대폰 키패드(혹은 keymat opening) 마킹과 자동차/전자 부품 등과 같은 대량 생산을 요하는 곳에 적용을 목적으로 특별히 제작된 턴테이블 방식 핸들러와 레이저 마킹 시스템이 결합된 모델이다. 멀티빔 레이저는 생산성 향상 및 운영비 절감에 큰 이익을 줄 수 있다. 특히 멀티빔 레이저용 턴테이블 방식 핸들러 위에 설치되었을 때 운영비(인건비, 전력료, 소모품비 등)는 최소화 될 수 있다. "멀티빔 특허"에 의해 세계적으로 그 기술에 대한 권리를 보호받는다.
	반도체 칩 마킹 샘플
	레이저 마킹 각종 샘플

도이다. 이처럼 장비 업체가 상황에 최적화된 마킹 파라미터 값을 세팅하고 문제를 해결하기 위해서는 현장에서의 밀착 지원이 필요하다.

:이오테크닉스의 창업 스토리
레이저의 매력에 빠지다

1957년 부산 출생인 성규동 대표는 유년 시절부터 음악, 미술 등 인문학에 관심이 많았고 대학 역시 자연 계열이 아닌 인문 계열로 진학하기를 희망하였다. 그러나 수학 등 이공계에 소질이 있음을 파악한 부모님의 권유로 1977년 서울대 전기과에 진학하게 된다. 전통적인 공학 분야를 공부해서는 남들과 차별화하기 어렵다고 일찍부터 생각한 성 대표는 서점에서 우연히 레이저 관련 책을 접하고 그 매력에 빠져 레이저 분야에 도전하기로 결정한다. 이에 독학으로 레이저 공학 분야를 공부하기 시작하였고, 대학교 4학년 때는 무작정 물리학 수업을 수강하면서 배경 지식을 쌓았다. 1981년 학부를 졸업한 후 대학원에서 곧바로 레이저를 전공하고 싶었지만 당시 레이저를 세부 전공으로 하는 연구실이 전무하던 시절이라 그나마 유사한 분야인 가스 방전Gas Discharge 분야를 선택하여 석사 과정을 이수하게 된다. 이후 1982년 국내 전자 업계에서 도입하기 시작한 마이크로 컨트롤 분야를 연구할 수 있는 금성사 중앙연구소현 LG전자에서 근무를 시작하였다.

금성사 중앙연구소에서 성 대표는 자신이 개발한 마이크로 컨트롤러가 비디오 등의 실제 가전 기기에 적용되고 양산되기까지 제품 개발과 생산의 전 공정을 경험할 수 있었고, 이런 경험이 향후 전자 산업을 이해하는 데 큰 밑거름이 되었다. 일에 재미를 느끼고 회사에서도 자리를 잡아 가고 있었지만 그의 레이저에 대한 열망은 식지 않았다. 그러던 어느 날, 대우중공업현 두산인프라코어에서 레이저 절단기 사업을 시작한다는 발표와 함께 관련 분야 연구원을 모집하는 채용 공고가 났다. 고민이 있었지만 자신이 원하는 것을 하기 위해 과감히 사표를 던지고 1984년 7월 인천 소재의 대우중공업 공작 기계 분야로 이직하게 된다.

대우중공업에 입사한 성 대표는 처음에 CO_2 레이저 절단기 개발 프로젝트에 투입되었다. 그러나 국내에서는 기계 산업보다 전자 산업의 전망이 더 좋을 것으로 판단하여 레이저 마킹기를 우선 개발해 보기로 결정하고 팀 내 비밀 프로젝트로 개발을 진행하였다. 레이저 마킹기 개발에 투입된 이후 성 대표를 비롯한 개발팀은 회사에서 숙식을 해결하며 밤낮으로 제품 개발에 매달렸다. 금성사에서 경험한 마이크로 컨트롤 기술이 마킹기를 개발하는 데 큰 도움이 되었다. 특히 개발팀은 기본적인 기계적 성능 확보에 주력하면서도 기존 제품과 차별화하기 위해 마킹기 제어에 IBM PC를 활용한 컨트롤 UIUser Interface를 개발, 적용하였다. 지금은 너무나 당연한 아이디어지만, 당시는 IBM PC 제품이 국내에 막 도입되던 시기로 대우중공업이 개발한 마킹기는 산업 용도로 IBM PC를 적용한 국내 및 해외의 몇 안 되는 사례 중 하나일 정도로 혁신적인 것이었다.

성 대표는 레이저 마킹기를 개발하는 과정에서 뜻하지 않은 성과를 얻게 되는데, 그것은 바로 당시 나이트 클럽에서 인기를 끌던 레이저쇼 장비로서, 레이저 마킹기와 쇼 장비의 기본적인 작동 원리는 동일하기에 레이저 광원을 변경하여 간단히 개발할 수 있었다. 이 장비는 사내외를 불문하고 매우 인기가 높아 당시 대우그룹 김우중 회장이 참석하는 각종 사내 행사 때마다 비서실의 요청으로 이 장비를 설치해 주는 등 행사 지원 요청을 수시로 받았다.

국내 나이트 클럽에서는 레이저쇼 장비를 일본에서 수입하던 시절이라 이를 대체하는 것을 감안할 때 시장성이 좋을 것으로 판단한 성 대표는 마킹기 개발팀을 이끌던 팀장과 동업하여 레이저쇼 장비 전문 업체인 '코리아 레이저'를 1985년 6월 25일 창업하게 된다. 그때 성 대표의 나이는 고작 28살에 불과했다. 아이러니하게도 젊은 시절 성 대표가 레이저 장비의 기본 원리를 파악할 수 있었던 것도 나이트 클럽의 레이저쇼 장비를 들여다보면서부터였다. 대학 동기의 약혼식 피로연에 참석하여 호텔 나이트 클럽을 갔는데 마침 그곳에서 레이저를 이용한 쇼가 진행 중이었던 것이다. 레이저에 대한 열정이 넘쳐 나던 성 대표는 그 작동 원리가 너무 궁금한 나머지 시끄러운 클럽 안에서 기계실 안의 기계만 뚫어져라 쳐다보다 나왔고, 나중에 그 호텔 지배인이 어머니와 친분이 있다는 사실을 알고 그 인연으로 직접 기계실에 들어가 자세히 들여다볼 수 있는 기회를 얻었다. 그때 그는 기계의 겉만 본 것이 아니라 레이저 기기에 들어가는 핵심 부품인 갈바노미터 스캐너Galvanometer Scanner의 제품 카탈로그와 어떤 모터가 사용되는지 등에 대한 자세한 설명도 들을 수 있었다. 그 카탈로그를 받아서 읽어 보는 순간 트리밍기와 레이저쇼가 어떻게 동작하는지 그 원리를 처음 깨우치게 되었다고 한다.

1985년 코리아 레이저 창업 후 성 대표는 낮에는 대우중공업에서, 주말과 밤에는 코리아 레이저에서 근무하는 이중 생활을 하면서 1986년 2월 대우중공업에서 레이저 마킹기 개발을 완료하기에 이른다. 하지만 막상 제품을 개발해서 팔려고 보니 국내에는 마땅히 팔 곳이 없었다. 레이저 마킹기는 지금도 비싸지만 당시에는 더 비쌌고, 국내 전자 산업도 반도체 등에 본격 투자가 시작되기 전으로 수요가 거의 없었다. 어렵게 개발한 첫 제품은 영국의 모 업체와 판매 계약을 하였으나 이후 조직 이동으로 인해 더 이상의 진전이 없었다. 설상가상으로 대우중공업에서 개발한 CO_2 레이저 절단기도 우리나라 공작 기계 기술이 일본에 비해 많이 떨어지다 보니 잘 팔리지 않았다. 이처럼 안팎으로 레이저 장비 사업이 고전하면서 회사 내부에서 개발팀과 성 대표를 바라보는 시선이 곱지 않았다. 이런 상황은 성 대표가 마침내 1986년 6월 25일 대우중공업을 떠나 코리아 레이저의 기술 담당으로 완전히 합류하는 계기가 된다.

코리아 레이저에서 성 대표는 회계를 제외한 개발, 영업, A/S 등 나머지 모든 업무를 도맡아 하였다. 코리아 레이저의 쇼 장비는 일본산 제품에 비해 성능은 비슷하면서 가격은 저렴하여 매출이 계속해서 늘어갔다. 사업은 날로 번창하여 레이저쇼 장비뿐만 아니라 바코드 스캐너 사업까지 확장하였고, 미국과 일본에 수출하는 등 매출액이 60억 원을 넘을 정도로 성장하였다. 그러나 당시 회사 대표이사의 부실한 경영과 내부의 구조적 문제로 계속해서 적자 상태를 면하지 못하자 결국 성 대표는 1988년 자의반 타의반으로 회사를 떠나야 하는 상황에 이르렀다. 비록 모든 것을 내려놓아야 하는 벼랑 끝이었지만 그래도 직접 해외를 돌며 바이어와 상담했던 경험과 그때 알게 된 사업 파트너들과의 관계, 납땜기를 들고 해외 출장을 나가 직접 서비스를 해 주면서 고객의 신뢰를 쌓았던 철학은 지금의 이오테크닉스를 있게 한 밑거름이 되었다.

1989년 이오테크닉스 창업

금성사의 마이크로 컨트롤 개발 경험, 대우중공업의 레이저 마킹기 개발 경험, 코리아 레이저의 사업 경험을 바탕으로 자신만의 사업을 하기로 결심하고 1989년 4월 이오테크닉스를 창업할 때 성 대표의 나이는 32세였다.

그동안 직장 생활을 하며 장만한 집을 팔고 은행 담보 대출을 받아 약 1억여 원의 창업 자금을 마련하여 출발한 것이다. 창업 초기 이오테크닉스는 반도체 스테퍼 장비 쪽에 더 큰 관심을 갖고 있었고, 특히 캐나다 레이저 발진기 업체인 A사의 한국 대리점 역할을 하며 연구소 등의 전문 기관에 기술 영업을 하는 것이 주된 수익원이었다.

레이저 발진기 대리점 사업으로 많은 수익을 올리던 이오테크닉스가 레이저 마킹기를 개발하게 된 것은 1991년이고, 이를 상업화한 것은 1993년이었으나 이 사업에 전념하게 된 시기는 1997년 미국의 레이저 발진기 업체인 C사와 사업 관계가 틀어지면서부터이다. 그 전까지는 레이저 발진기 대리점 사업을 통해 사업 운영 자금을 확보하였고, 반도체 스테퍼 장비 쪽에 많은 관심을 두었다. 성 대표가 C사를 처음 접하게 된 것은 1989년 ETRI에서 개발 중이던 반도체 스테퍼 장비의 레이저 발진기를 선정하는 작업에 참여하면서부터이다. 선정 작업 중 ETRI에서 검토용으로 건네준 반도체 관련 논문을 분석하다 보니, 미국 C사 제품이 주로 사용됨을 발견하였다. 어떤 업체인지 궁금하여 1989년 4월 그 회사에 직접 전화하여 미국 LA 전시회에서 만나기로 약속하였다. 전시회장에서 C사 부사장과 대면한 성 대표는 그 다음날 C사 본사가 있는 샌디에이고까지 직접 차를 몰고 찾아갔다. 회사를 직접 방문한 성 대표는 C사의 기술력이 상당한 수준임을 알게 되었고, ETRI의 반도체 스테퍼에 C사 제품을 적극 추천하였다.

당시 국내 반도체 산업에 대해 잠깐 살펴보면, 반도체의 고집적화가 이루어지면서 노광 장비에 들어가는 광원이 기존의 램프로는 대응하기 어려워지기 시작하였다. 업계에서는 새로운 광원 후보군으로 개량된 나트륨 램프 Sodium Lamp, X-레이, 전자빔 E-beam, 레이저 등을 검토하고 있었다. 전문가들은 레이저가 채택될 것으로 예상하였으나 레이저의 불안정한 특성으로 인해 실제 양산해 내는 데 무리가 있던 상황이었다. 그 당시 삼성전자는 레이저 광원을 사용한 캐논의 스테퍼를 처음 구매하여 연구를 시작하였는데 장비에 문제가 있어 1991년 니콘의 스테퍼 장비를 새로 구매하였고, 이 장비에 쓰이는 엑시머 레이저 발진기가 C사 제품이었다. 이것이 인연이 되어 이오테크닉스는 삼성전자의 반도체 스테퍼 레이저 장비 1대를 무상으로 서비스해 주면서 삼성전자와 관계를 맺게 된다.

1995년 초 삼성전자는 엑시머 레이저를 활용한 양산화에 성공하였고, 이로 인해 메모리 산업의 주도권을 획득하게 되었다. 1997년 삼성전자가 반도체에 본격적인 투자를 시작하기 직전, C사는 9년 동안 삼성전자를 지원해 주던 이오테크닉스를 배제하고 단독으로 계약을 체결하였다. 이오테크닉스는 반도체 스테퍼 장비 관련 사업을 접을 수밖에 없는 상황이 되었고, 이때부터 레이저 마킹기 분야에 본격적으로 주력하기 시작하였다.

첫 레이저 마킹기의 개발 및 사업화

이오테크닉스가 1991년 레이저 마킹기를 개발하게 된 데는 성 대표의 대우중공업 시절 개발 경험이 크게 작용하였다. 대우중공업에서 레이저 트리밍기를 개발할 당시 펜 타입의 레이저 마킹기를 내부 비밀 프로젝트로 진행하였다. 당시 완성된 펜 타입의 반도체용 레이저 마킹기는 마스크 방식[11]에 비해 유연성 측면에서는 유리했지만 생산성 향상에 필수적인 고속 스캐

---

[11] 펜 타입은 레이저를 이용해 마치 펜으로 글씨를 쓰듯 마킹하는 방식이고, 마스크 타입은 마스크에 노출된 부분의 표면을 레이저로 제거하는 방식이다.

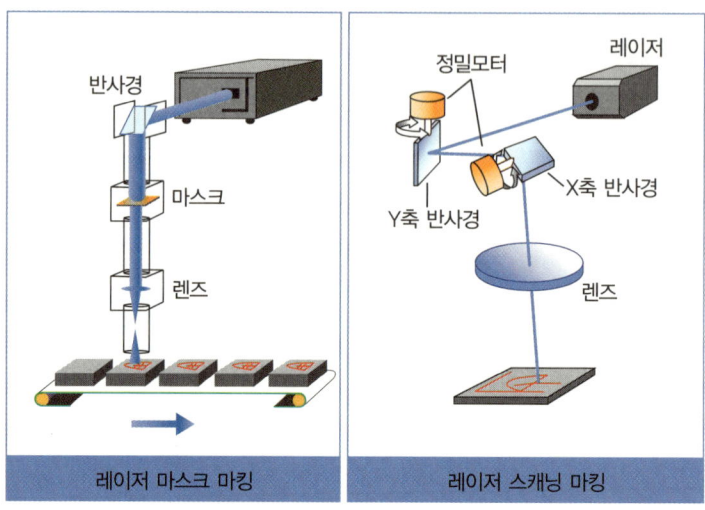

〈그림 20〉 마스크 방식과 펜 타입 스캐닝 방식의 레이저 마킹기

너 기술 부재로 실제 산업에 적용되지는 못하였다.

이런 문제가 있음에도 이오테크닉스 창업 이후 성 대표가 펜 타입의 반도체용 레이저 마킹기 개발에 매진하게 된 것은 대우중공업 시절 인연을 맺은 아남산업의 역할이 컸다. 당시 아남산업현 앰코코리아[12]은 모토로라 등에서 칩을 받아 패키징하는 사업을 했는데, 패키징 과정에서 생산자, 품질 등급 등을 새기는 데 마스크 타입의 레이저 마킹기를 활용하였다. 마스크가 준비되어 있는 경우는 문제가 없지만 마스크가 없는 경우에는 마스크 개발에만 3~4개월씩 소요되었고, 패키지별로 품질 등급이 다르다 보니 마스크를 교체

---

[12] 아남산업은 1968년 당시 반도체 산업의 불모지였던 한국에서 국내 기업으로서는 처음으로 반도체 산업에 착수하였고, 1998년 새로운 CI 개발에 따라 사명을 변경한 아남반도체가 바로 앰코코리아의 전신이다. 앰코코리아는 2000년 5월, 아남반도체의 나머지 반도체 패키징 3개 공장-서울, 부천, 부평 소재-을 모두 인수함으로써 세계 최대의 반도체 패키징 및 테스트 전문 회사로 거듭나게 된다.

해야 하는 문제로 생산성에 심각한 차질이 발생하였다.

즉, 다양한 정보를 패키지별로 달리 마킹하는 유연성이 중요해지는 시기가 온 것이다. 아남산업은 성 대표에게 마스크를 쓰지 않는 방식인 펜 타입의 레이저 마킹기 장비 1대를 발주하였고, 아남산업과 이오테크닉스가 새로운 방식의 마킹기를 공동으로 개발하기 시작하였다. 펜 타입 레이저 마킹 기술은 이오테크닉스가 독창적으로 개발한 것은 아니었다. 이러한 방식이 가능하다는 것은 이미 알려져 있었다. 펜 방식은 마킹의 정확도나 정밀도가 마스크 방식에 비해 월등했고 마킹 모양을 바꿀 때마다 마스크를 바꿔 줄 필요가 없어 유지 보수 비용이 적게 드는 장점을 지녔지만, 선명도가 떨어지는 치명적인 단점이 있어 당시에는 통용되지 못하는 기술이었다.

또 다른 장애물은 이런 하드웨어를 제어하는 소프트웨어에 있었다. 반도체는 스트립strip 형태로 마킹 공정에 투입되는데, 한 개의 스트립에는 수백 개의 칩이 있다. 그러므로 몇 개짜리 스트립이 투입되느냐에 맞추어 배열을 달리해 주는 소프트웨어 프로그램이 필요했다. 기존 마스크 타입의 레이저 마킹기 소프트웨어는 한 번에 하나씩 마킹하는 방식이었기 때문에 이러한 구현이 불가능했다. 이오테크닉스는 펜 타입 레이저 마킹기의 선명도를 높이기 위한 정밀 제어 기술과 유연성을 확보하기 위해 기존의 제어 소프트웨어를 획기적으로 개선하는 데 주력하였다. 그리고 개발에 착수한 지 약 1년 6개월 만인 1991년, 펜 타입의 반도체용 레이저 마킹기 개발에 성공하기에 이른다. 이는 반도체용으로는 세계에서 처음 개발된 것이었는데, 정밀도를 높이기 위해 2개의 거울을 이용해서 레이저빔을 제어하는 기술도 확보하였다. 이 제품의 장점은 기존 마스크 방식에 비해 마킹 품질은 물론 마킹 속도까지 높아졌다는 것이다. 또 레이저광에 의한 비접촉 마킹 방식에다 펜 타입

이어서 편리하고, 정전기 발생도 없으며, 초당 1000글자까지 가능한 고속 마킹으로 생산성도 향상되었으며 장비 규모도 간단해졌다.

이오테크닉스의 성장 과정

1991년 첫 시제품 개발을 완성한 이오테크닉스는 지속적인 제품 개선을 통해 양산에 성공하였고, 이에 1993년 정식으로 회사의 법인 등록을 하고 반도체용 펜 타입 레이저 마킹기를 본격 양산하여 아남산업 외의 고객에도 납품하기에 이른다. 당시 이오테크닉스는 레이저 마킹기의 헤드 유닛만 생산하였으므로 주요 고객은 핸들러가 포함된 전체 시스템을 만드는 업체들이었다. 이 업체들 대부분은 싱가포르, 필리핀 쪽에 있어 해외 판로 개척은 이오테크닉스에게 숙명과도 같은 것이었다. 이에 이오테크닉스가 해외 시장 개척을 위해 꺼내든 카드는 해외 전시회 참가였다. 마침 관련 경쟁사 부스에서 상담을 마치고 나오는 바이어 한 명을 발견하고는 근처 식당으로 데려가 그곳에서 제품에 대한 설명을 끈질기게 한 끝에 수출 계약을 성사시킨다. 이것이 이오테크닉스의 수출 처녀작이었다. 이렇게 원시적인 방법으로 시작된 수출이 1997년에 150만 달러, 1998년에 420만 달러, 1999년에 1100만 달러, 2000년에 2500만 달러로 늘어나게 되었다.

소프트웨어 기술과 정밀 제어 기술이 경쟁사 대비 우위에 있었지만 사용자 편의성을 높인 UI는 또 다른 차별화 포인트였다. 장치 산업 특성상 시행착오 방식으로 파라미터 값을 계속 조정해야 하므로 이들 핸들러 업체의 엔지니어가 작업하는 데 편리해야만 했다. 이오테크닉스는 마킹기에 IBM PC를 적용하여 핸들러 업체의 엔지니어들을 편하게 해 주었고, 이 전략은 주효하였다. 또 제품을 한번 팔면 무한 서비스를 하고 소프트웨어를 무한 업그레이드 해 주는 기술 지원과 고객의 니즈needs에 맞는 소프트웨어 기술을 발판 삼아 초창기 이오테크닉스는 레이저 마킹 헤드 유닛으로 성공할 수 있었다.

싱가포르 전시회에서 처음 수주에 성공하였으나 높아져 가는 고객의 눈높이에 맞추기 위해서는 마킹기의 효율성을 증대시킬 방안이 필요했다. 기존 레이저 마킹기는 싱글 헤드로 1개의 빔을 이용하였으나 이오테크닉스는 2개의 레이저가 장착된 듀얼 헤드 마킹기를 1996년에 개발하게 된다. 듀얼 헤드이므로 효율성은 2배로 증가하였다. 듀얼 헤드 기술은 미국의 레이저 업체인 GSI가 먼저 개발하였던 것으로 이오테크닉스의 원천 기술은 아니었다. 그러나 운 좋게도 GSI는 성 대표가 코리아 레이저 창업 시절부터 좋은 관계를 유지하던 회사였다. 성 대표는 GSI를 설득하여 이오테크닉스의 엔지니어들을 파견하여 듀얼 헤드의 원리를 배우도록 하였고, 이를 반도체 마킹용으로 처음 상용화하는 데 성공하게 된다. 이러한 전개는 GSI가 다양한 응용 분야에 진출하고 있어 반도체 쪽의 사업 기회를 간과하고 있었기 때문에 가능하였고, 듀얼 헤드 기술을 특허 출원하지 않아 빠른 기간에 기술을 모방할 수 있었던 점도 주효하였다.

그러나 1997년 전까지 이오테크닉스는 스테퍼 장비 쪽에 관심을 가지면서 마킹기에 전념하지 못하였고, 그 틈을 타 독일과 미국의 경쟁사들이 이오테크닉스의 기술 수준을 뛰어넘는 상황에 이르게 되었다. 첫 사업 파트너였던 아남산업조차도 장비의 품질이 뒤진다는 이유로 클레임claim을 제기할 만큼 반도체용 레이저 마킹기 시장에서 입지가 좁아지는 상황으로 내몰렸다. 또 한 번의 위기에 직면한 성 대표는 1997년부터 레이저 마킹기에 사업 역량을 집중하면서 한 차원 높은 기술력을 확보하게 되었고, 경쟁사 제품과 자사 제품의 차이점을 분석하기 시작하였다. 유일한 차이는 레이저 챔버Laser Chamber였는데, 경쟁사는 세라믹 챔버를 사용하고 있었고 이오테크닉스는 아직까지 골드 챔버를 적용하고 있었던 것이다. 세라믹으로 변경한 후 성능이 경쟁사와 비슷한 수준까지 올라왔으나 경쟁사의 기술 혁신은 거기서 끝나지 않았다. 당시에는 램프 방식의 레이저를 사용하는 것이 보편적이었는데, 경쟁사가 다이오드diode 방식의 레이저를 적용하여 1999년 5월 싱가포르 전시회에 출품할 것이라는 소식을 접하게 된 것이다. 전시회를 통해 시장 개척을 하는 것이 레이저 장비 산업의 특성으로서, 전시회에서 경쟁사를 압도하는 제품을 선보여야만 살아남을 수 있다. 그리고 경쟁에서 이기기 위해서는 반드시 고출력 다이오드 펌핑 방식의 DPSS diode-pumped solid-state 레이저를 확보해야만 했다. 당시 이오테크닉스는 램프 펌핑 방식의 레이저를 리레이저Lee Laser라는 회사로부터 사 오고 있었는데, 이 회사는 레이저 전문가인 한국인 이정일 박사가 미국에서 창업한 회사로 이 박사는 성 대표와 오래 전부터 막역한 사이였다. 이오테크닉스는 레이저 공급사인 리레이저와 수소문 끝에 미국에 있는 빅 스카이Big Sky라는 회사가 DPSS 레이저 원천 기술을 갖고 있음을 알게 되었고, 리레이저로 하여금 DPSS 원천 기술을 매입하도록 하였다. 그리고 리레이저의 뛰어난 기술력으로 사장될 뻔한 원천 기술을 상용화하여 100W급 고출력 DPSS 레이저 개발에 성공하였다. 시제품 6대를 제작한 이오테크닉스는 1999년 5월 싱가포르 전시회에서 말레이시아, 싱가포르의 자동화 기기 업체 부스 6곳에 자사의 마킹기를 전시하였다. 전시회 당일 독일 경쟁사는 자기 부스에 80W급 1대를 갖고 왔는데, 이오테크닉스는 100W급으로 6군데에 전시하였으니 경쟁이 되지 않았다.

이오테크닉스는 마킹기 헤드 유닛만 생산하던 것에서 핸들러를 포함한 전체 시스템을 개발, 생산하는 것으로도 사업을 확장하였다. 그러다 보니 기계 관련 인원이 필요하게 되었고, 대우중공업 시절 같이 개발 업무를 하던 조태익 전무를 영입하기에 이른다. 조 전무는 대우중공업 시절 기계 설계 파트를 담당하고 있었고, 성 대표와 함께 레이저 마킹기 개발 업무를 진행하면서 동고동락하던 사이었다. 그때까지만 해도 성 대표를 비롯해 주로 전자, 소프트웨어 개발 인력으로 구성되었던 이오테크닉스는 기계 엔지니어인 조 전무를 영입하면서 전체적인 시스템을 개발할 수 있는 역량을 갖추게 되었다. 또 1998년 외환 위기를 맞아 대우중공업의 전자 및 소프트웨어뿐 아니라 장비와 시스템을 개발할 수 있는 인원까지 확보하여 역량을 강화할 수 있었다.

핸들러 장비 분야로 확장을 한 이유는 비록 반도체용 레이저 마킹기 헤드의 독보적인 기술력을 확보해 매출 및 거래선이 폭발적으로 증가하기는 하였지만, 50여 개 소규모 장비 업체와 거래하다 보니 거래선 부도로 대금을 못 받는 일이 자주 발생하였기 때문이다. 게다가 규모가 커지다 보니 반도체 회사로부터 직접 주문을 받아 오히려 이오테크닉스가 타이완, 싱가포르 업체들의 자동화 장비를 매입하여 납품하는 경우가 많아졌다. 이오테크닉스는 전체적인 시스템 개발 및 생산의 안정화를 위해 핸들러만 전문으로 개발, 생산하는 이엠테크라는 자회사를 1999년 12월에 설립하였고, 조 전무와 함께 대우중공업에서 기계 파트를 맡던 엔지니어를 대표로 영입하였다. 2000년 2월에는 하이닉스 출신들이 창업한 현진테크라는 회사를 인수하게 된다. 이엠테크는 기계 장치에 대한 설계 역량은 있었으나 반도체 산업에 대한 이해가 부족하였고, 현진테크는 반도체 산업에 대한 이해는 높았으나 기계 설계 역량이 부족하였기에 시너지를 내고자 이듬해 6월 두 회사를 이엠테크로 합병하였다.

이처럼 핸들러 사업까지 확장한 이오테크닉스는 일단 외형적인 측면에서 1998년 86억 원이었던 매출액이 1999년 192억 원, 2000년 358억 원 수준으로 매년 약 2배씩 급성장을 하게 되었다. 외환 위기를 거치면서 개발 인력을 대거 강화하여 2000년에는 전체 인력의 절반인 80명이 R&D 인력이었고, 이 중 석박사가 30명, 박사는 12명에 이르게 되었다.

한편 이오테크닉스는 국제 영업망을 갖추기 위해 1998년에 필리핀 지사를 설립하였고, ISO9001, FDA 인증, 우수품질인증제품 국무총리상을 수상하는 등 품질을 강화하였으며, 벤처기업으로 등록하여 사업이 본격적인 궤도에 오르기 시작하였다. 1999년에는 싱가포르 영업을 강화하기 위하여 현지에 법인을 설립하였고, 마킹 장비의 주요 수요처 중 하나였던 타이완의 국영 투자 은행인 CDIB로부터 600백만 달러를 투자 유치[13]하는 등 자금 측면에서도 충분한 여력을 확보하였다. 그 결과 2000년에 이르러 이오테크닉스는 사업 기반에 필요한 돈, 사람, 기회의 3요소를 두루 갖추게 되었다.

코스닥 상장 및 위기 극복

해외 시장 개척 이후 매년 2배 이상의 성장을 거듭하던 이오테크닉스는 2000년 8월 드디어 기업 공개를 하며 코스닥에 상장하게 된다. 액면가 500원짜리 주식을 2만 원에 공모하였고 청약률도 7대 1의 경쟁률을 보이는 등 회사 내부적으로 희망에 부풀어 있던 시절이었다. 그러나 호사다마라고 했던가, 2000년 11월 반도체 업계의 투자 축소 뉴스가 증시를 강타하자 반도체 관련 장비주들은 연일 하락을 피하지 못했고, 이오테크닉스 역시 마찬

---

[13] CDIB는 이후 2000년에 추가 투자를 하였다.

가지였다. 2001년 매출액은 154억 원으로 전년의 358억 원 대비 절반 이상이 줄었다. 특히 반도체용 레이저 마킹기에 주력하던 이오테크닉스는 마킹기에서만 2000년 310억 원에서 2001년 110억 원으로 매출이 감소하였고, 영업 이익률도 2000년 20퍼센트 수준에서 2001년에는 마이너스 29퍼센트로 대폭 감소하여 상장 이후 유일하게 손실을 기록하는 등 창업 이후 가장 심각한 위기에 직면하였다.

이런 위기를 극복하고자 2001년 9월, 임직원 모두 자발적으로 임금 20퍼센트 삭감을 감행하였으나 결국 10월에는 희망 퇴직을 통해 180명이던 인원을 140명 선으로 감축할 수밖에 없었다. 그러나 이런 위기에서도 이오테크닉스가 끝까지 유지한 것이 있었으니 바로 R&D 투자였다. 2001년 R&D 투자액은 33억 원으로 2000년 34억 원 대비 유사 수준이었고, 개발 인력은 92명에서 96명으로 오히려 4명이 늘었다. 2002년부터 반도체와 IT 업계의 투자가 조금씩 재개됨에 따라 2002년 2분기부터 흑자 전환되기는 하였으나 2001년 수준의 매출 규모는 2003년이 되어서야 회복할 수 있었다. 이후 2004년은 653억 원의 매출을 기록하는 등 전년 대비 약 2배 가량의 폭발적인 성장을 하기 시작했다. 위기 속에서도 기술 투자를 아끼지 않았던 것이 주효했던 것이다.

이오테크닉스가 레이저 마킹기 외에 새롭게 눈을 돌린 것은 WSCSP 기술인데, 이는 새로운 반도체 제조 기술로서 가공한 웨이퍼를 낱개의 칩으로 절단해 각각의 칩 단위로 후반 제조 공정을 거치는 기존의 방식과는 달리 모든 반도체 제조 공정을 웨이퍼 수준에서 마친 후 낱개의 칩 단위로 분리하는 공정 기술을 일컫는다.[14] 당시는 아무도 WSCSP 마킹에 관심을 갖고 있지 않았지만, 성 대표는 휴대폰 등 전자 제품이 소형화되는 트렌드를 감안할 때

여기에 쓰이는 칩 크기 역시 초소형화 될 수밖에 없으므로 플라스틱 몰딩 없이 웨이퍼 상태에서 직접 마킹하는 장비가 곧 필요해질 것임을 직감하였다. 이후 여러 바이어들과 상담하면서 WSCSP 마킹 장비에 대한 확신을 갖게 되었고, 그러던 중 1999년 싱가포르 루슨트 테크놀로지Lucent Technology 사에서 WSCSP 마킹 장비를 같이 개발해 볼 것을 제안해 오기에 이른다. 이 기술은 웨이퍼 자체가 매우 고가이고 작은 사이즈에 맞추어 마킹을 해야 하다 보니 높은 수준의 정밀도가 요구되었을 뿐 아니라 웨이퍼의 기준점을 잡는 것도 힘들어 정밀도를 확보하는 것이 어려웠다. 더구나 앞 공정에서 웨이퍼가 공급되어 마킹 장비 위에 올려놓는 위치가 조금씩 바뀌기 때문에 경쟁사들은 웨이퍼가 공급되는 위치의 정확성을 높이는 데 주력하였다. 그러나 이오테크닉스는 투명한 더미 웨이퍼를 이용하여 시험 마킹을 한 후 여기서 나온 값으로 비전, 마킹기, 웨이퍼의 좌표축을 일치시키는 역발상을 하였다. 앞 공정에서 발생되는 오차를 줄이는 것보다 발생한 오차에 장비의 좌표값을 변형시키는 유연한 사고를 한 것이었다. 이런 위치 보정 방식은 2004년 특허로 출원되었는데, 이 기술이 바로 이오테크닉스만이 가진 강점인 '여러 개의 서로 다른 좌표축을 일치시키는 기술' 특허이다. 현재 웨이퍼 마킹 장비를 생산하고 있는 업체는 미국, 독일, 일본 등에 5~10개 사 정도가 있지만 이 특허 때문에 경쟁사가 따라올 수 없는 상황이다.

이런 기술 개발 노력이 뒷받침되어 이오테크닉스는 300밀리미터용 WSCSP 웨이퍼 마커(모델명 CSM3000)를 2004년에 세계 최초로 개발하였고, 독보적인 기술적 우위를 확보하게 되었다. CSM3000 장비는 WSCSP 공정을

---

14 출처 : http://www.eotechnics.co.kr

적용하여 300밀리미터 웨이퍼의 1밀리미터×1밀리미터 이하 공간에 4개 이상의 글자를 레이저로 정밀하게 각인해 제품 정보를 미세 글자까지 새겨 넣을 수 있는 장비인데, 웨이퍼 패키지 상태에서 직접 마킹을 할 수 있어 마킹 비용을 대폭 절감할 수 있다는 점이 최대 장점이다. 이 장비는 휴대폰이나 디스플레이 제품 시장의 성장으로 반도체 소형화가 진행되면서 그 수요가 크게 늘어나고 있다.

사업 다각화 – 반도체용 레이저 마커에서 종합 레이저 장비 업체로

이오테크닉스는 반도체용 레이저 마킹 장비에 주력하던 회사였으나 2001년의 경우처럼 반도체 투자가 줄어들 경우 심각한 타격을 받게 된다는 단점이 있었다. 이를 극복하기 위한 대안으로는 기술 개발을 통한 차별화도 있지만 특정 산업의 경기 변동에 대한 의존도를 낮추는 사업 다각화도 필요하였다. 이에 따라 이오테크닉스는 우선 PCB printed circuit board, 인쇄 회로 기판 와 디스플레이 산업으로 다각화를 시도하였는데, 그 이유는 한국에 세계 1, 2위 디스플레이 업체는 물론 2, 3위 휴대폰 업체가 있어 이오테크닉스의 강점인 밀착 지원 측면에서 경쟁사를 앞설 수 있을 것으로 판단했기 때문이다.

이오테크닉스는 2000년에 PCB 드릴링 분야로 사업을 확대하였는데 주로 휴대폰에 들어가는 적층형 구조의 PCB가 목표 시장이었다. PCB 드릴링은 일본의 미쓰비시와 히다치가 기계식 드릴링 장비로 석권하고 있는 시장으로 경쟁이 매우 치열하였다. 이오테크닉스는 새로운 응용 분야 진출을 모색하던 중 대덕전자로부터 MLB Multi layer PCB 레이저 드릴링 장비 개발에 대한 제안을 받았고, 2000년 개발을 완료하여 2001년 4월부터 본격 양산에 들어갔다. 2006년에는 레비아텍이라는 PCB 드릴링 서비스 업체를 설립하고 수년 동안 수백 억 원의 투자비를 쏟아부었지만 지금도 고전하고 있다. PCB 드릴링 시장은 일본의 미쓰비시와 히다치의 기술 장벽이 높아 이오테크닉스가 추격을 하면 가격을 인하함으로써 추격자가 수익을 내기 어려운 구조를 만들어 버리기 때문이다. 그러나 전자 제품이 소형화될수록 레이저를 사용한 PCB 드릴링 시장 수요가 지속적으로 늘어날 것으로 보고 지금도 계속 투자 중이다.

PCB 다음으로 진출한 것은 디스플레이 분야였는데, 이 중 가장 손쉽게 진출할 수 있는 LCD 트리밍 장비 분야에 먼저 도전하였다. LCD 디스플레이 제조 공정에서는 미세 전극 테스트를 위한 바늘이 삽입된다. 그런데 공정 중간 과정에서 기존의 기계적인 방법으로 이 바늘을 제거하자면 LCD 패널panel에 손상을 줄 수 있으므로 이를 레이저로 제거해 주는데, 그 장비가 LCD 트리머이다. 이오테크닉스는 삼성전자의 요청을 받아 2002년 개발을 완료하고 납품을 시작하였다. 2004년부터 삼성전자가 7세대 라인에 본격 투자하면서 수요가 많이 늘어났으며, 적용 분야도 PDP 등으로 확대되었고, 매출처도 LG디스플레이 등으로 다변화하였다. 그 결과 2009년에만 135억 원의 매출을 올리는 등 적지 않은 성과를 거두었다.

최근 태양전지와 LED가 화두로 등장하면서 다른 반도체나 디스플레이 업체들과 마찬가지로 이오테크닉스의 사업 방향도 2007년 태양전지, 2008년 LED 제조 장비 산업으로 확대되었다. 특히 2010년에는 태양전지 레이저 스크라이버solar cell laser scriber[15]를 개발하기도 하였다. 아직 이 두 산업은 반

---

[15] 반도체나 집적 회로를 만들 때 얇은 규소의 기판을 작게 자르기 위하여 레이저 광선으로 줄을 긋는 장치를 말한다.

도체나 디스플레이만큼 활발한 투자가 이루어지지 않아 매출액 자체는 크지 않지만 성장 가도에 있는 산업인 만큼 향후 이오테크닉스에 큰 수익을 안겨 줄 것으로 기대된다.

현재 가시적인 사업 다각화 성과를 보이고 있는 부분은 웨이퍼 그루빙 grooving 장비이며 향후 큰 수요를 창출할 것으로 기대되는 것은 웨이퍼 다이싱 dicing 분야이다. 반도체의 집적도가 높아지면서 회로 간 간섭을 막기 위해 웨이퍼 표면에 로우 케이low K, 저유전율 물질로 얇은 막을 입히는데, 공정이 끝난 후 이 막을 제거하는 공정이 웨이퍼 그루빙이다. 그래픽 칩같이 많은 데이터를 처리하는 고속 칩의 제조에는 로우 케이 물질이 필수이기 때문에 웨이퍼 그루빙 공정이 반드시 필요하다.

웨이퍼 다이싱은 웨이퍼를 칩 단위로 절단하는 공정이다. 웨이퍼 그루빙과 다이싱 분야에서 선두 업체는 일본의 디스코 사로 원래 다이아몬드를 이용한 연삭 절단 방식의 장비를 개발 제조하던 업체였으나, 반도체의 소형 경량화가 계속되면서 웨이퍼 역시 얇아지고 고집적화하는 추세로 인해 레이저 다이싱 장비 분야로 진출하게 되었다. 기존 다이아몬드 커팅은 웨이퍼가 깨지거나 손상이 가는 경우가 많았고 이런 손상을 줄이려면 생산 효율성이 떨어졌기 때문이다. 현재 디스코 사 역시 레이저 기술을 확보하여 장비를 생산하고는 있지만 레이저 기술에 있어서는 이오테크닉스가 앞서고 있는 상황이다. 웨이퍼 그루빙 장비의 경우 2009년 타이완 ASE사와 497억 원, 타이완 SPIL사와는 127억 원의 공급 계약을 체결하는 등 향후 수년간 레이저 마킹 이외 분야에서 많은 수익을 가져다 줄 것으로 기대하고 있다. 이런 사업 다각화의 노력으로 1998년에는 매출의 80퍼센트 이상이 레이저 마커였다면 이 비중이 2008년에는 44퍼센트 수준으로 낮아짐으로써 특정 산업 및 응용 제품에 대한 의존도가 점점 낮아지고 있다.

　　　레이저 마킹 및 반도체 산업 중심의 사업 구조에서 탈피하여 종합 레이저 장비 업체로 탈바꿈하고 있는 이오테크닉스에 또 하나의 핵심적인 차별화 기술을 개발하는 계기가 있었는데 그것은 바로 멀티빔multi-beam 기술이다. 지금까지의 레이저 장비들은 광원 하나에 빔이 1개였던 반면, 멀티빔 기술은 1개 또는 2개의 광원으로 4개 혹은 8개의 빔을 뽑아내는 것으로 장비 1대의 효율성을 4배 또는 8배로 증가시키는 획기적인 기술이다. 이 멀티빔 기술 역시 다른 기술과 마찬가지로 성 대표의 네트워크를 활용하여 외부의 원천 기술을 확보한 후 이오테크닉스 내부에서 제품화한 케이스였다. 이오테크닉스와 오랜 친분 관계를 맺어온 레이저 업체인 GSI가 2000년대 초 PCB 드릴링 사업을 시작하였는데 일본의 미쓰비시와 히다치의 높은 진입 장벽으로 고전을 면치 못하고 있었다. 이때 GSI가 개발한 기술 중에서 1개의 광원을 4개의 빔으로 분할하는 멀티빔 기술에 성 대표는 주목하였다. 성 대표는 이 멀티빔 기술을 마킹에 적용하면 어떨까 하는 생각을 갖게 되었다. PCB 드릴링은 레이저 빔이 정확하게 직각으로 들어가야 드릴링 품질을 확보하지만 마킹은 빔이 비스듬하더라도 마킹만 되면 되기 때문에 가능하리라는 판단에서였다. 처음에 GSI는 자신들의 특허를 라이선스 해 주는 것에 부정적이었다. 6개월간 GSI의 모든 임원들을 한 명씩 만나 가며 설득을 한 끝에 GSI의 최고경영자로부터 라이선스를 받아 냈다. 대신 이오테크닉스가 GSI의 PCB 사업부를 인수하는 조건이었다. 힘들게 라이선스를 받아 내기는 하였지만 2005년 이 제품의 개발 필요성을 사내에서 논의하는 과정에서는 사실 회의론이 더 강했다. 시장에서 이러한 제품을 요구하는 상황이 아니었기 때문이다. 4개의 레이저 빔을 출력하는 새로운 마킹기를, 게다가 누구도 요구하지 않는데 개발하려는 데에는 "무슨 괴물딱지 하나 만들어 내는 것 아니냐"는 우려가 없을 수 없었다. 멀티빔 기술을 이용할 경우 빔이 비스듬하므로 타원 모양으로 표면에 투영되어 마킹 품질 확보가 어려웠고, 1개의 광원으로 4개의 빔을 뽑아내야 하기 때문에 이에 맞는 고출력 레이저가 있어야 하는 등 수많은 기술적 난제가 있었으니 직원들의 이런 반응은 당연한 것이었다. 하지만 성 대표는 "남들이 원할 때 시장에 내면 그때는 이미 늦다."며 시장이 요구하기 전에 개발할 것을 강력히 주장하였다. 성 대표의 강력한 의지로 전사 차원의 개발팀이 구성되었다. 광학계 4~5명, 전기 전자 4~5명, 소프트웨어 3~4명, 레이저 펌핑 4명, 그 외에 마킹기의 부품 품질 인력 10명, 이렇게 도합 30명에[16] 이르는 개발자들이 단계별로 집중 투입되었고, 문제가 발생할 때마다 참여한 엔지니어도 상당수에 달했다. 이 과정에서는 2005년에 영입한 레이저 전문가이자 현 연구소장인 김남성 전무의 역할이 컸다. 김 전무가 멀티빔의 속성에 맞는 새로운 레이저 개발을 완성하였기에 어느 정도 성능을 내는 시제품을 만들 수 있었다.

  개발 착수 14개월만인 2007년 3월, 시제품이 나왔지만 크기가 너무 컸다. 이대로는 제대로 납품할 수 없을 정도였다. 성 대표를 비롯한 개발팀 역시 크기를 줄이지 않고는 단 1대도 판매할 수 없다는 사실을 통감하였다. 이러한 위기의식을 갖고 광학, 기구, 전기 팀이 한데 모여 소형화 작업에 착수, 결국 성공하였다. 그러나 타이완의 SPIL사에 완성품을 처음으로 납품한 후에도 마킹 품질로 인해 고객으로부터 30번 넘게 클레임을 당하는 등 많은 어

---

[16] 참고로 2005년에서 2007년까지 이오테크닉스의 평균 연구 인력 수는 175명이다. 30명이면 전체 연구 인력의 약 20퍼센트에 달한다.

이오테닉스 부설 연구소의 연구원들과 성규동 대표이사. 이오테닉스는 기업의 위기 상황에서도 개발 인력을 줄이지 않았으며, 전체 직원의 절반 이상을 개발 인력으로 채우고, 매출액의 10퍼센트 이상을 연구 개발에 투자하는 등 기술 개발과 연구를 기업 혁신의 중심에 두고 있다. 현재 기술 연구소는 레이저 응용 연구 그룹, 기계 설계 그룹, 소프트웨어 그룹, 하드웨어 그룹으로 나누어져 있다. 이오테닉스 연구소는 향후 종합 레이저 응용 장비 업체로 성장하기 위한 원천 기술 확보에 핵심이 되는 부서이다.

려움이 있었다. 멀티빔 상용화 첫 제품이기 때문에 겪게 되는 시행착오였다. 고객 납품 후 제품 안정화에만 추가로 2년이 더 걸려 2009년 말이 되어서야 안정적인 성능을 확보할 수 있었다. 이오테크닉스 창업 이래 가장 긴 개발 기간과 안정화 기간을 거친 이 멀티빔 레이저 마킹기는 초당 최대 4000자를 마킹할 수 있어 기존의 마킹기보다 속도가 최대 8배나 빠른 것이 가장 큰 특징이다. 또 마킹기 2대 이상이 해야 할 일을 1대가 할 수 있게 되면서, 레이저 마킹기 운용에 필요한 주변 기기가 간소화되고, 공간 효율성도 크게 향상되었다. 이 외에 마킹기를 운영하는 인력이 크게 줄기 때문에 전체적인 운영비도 30퍼센트 이상 절감할 수 있었다.

멀티빔 기술의 제품화가 갖는 의미는 마킹기 성능 개선에만 있지는 않다. 이오테크닉스는 이 멀티빔 레이저 기술을 다양한 장비에 응용·개발하고 있는 중이다. 예를 들어 PCB 드릴링이나 휴대폰용 마킹 장비, 웨이퍼 그루빙 장비 등에 적용할 계획을 갖고 있다. 다른 장비에 적용할 때도 멀티빔 기술을 이용하여 효율성을 획기적으로 향상시킬 수 있다. 물론 어려움이 없는 것은 아니다. 다른 응용 장비에 적용하려면 그에 걸맞는 레이저의 종류와 출력이 확보되어야 한다. 예를 들어 휴대폰 마킹에 멀티빔 기술을 적용하려면 반도체용 멀티빔 마킹기의 레이저를 Nd:YAG가 아닌 Nd:YVO4나 펄스 레이저를 발생시키는 Fiber Laser를 사용해야 한다. 하지만 미래 시장은 반드시 존재한다고 성 대표는 믿고 있다.

자체 레이저 기술 확보를 통한 경쟁력 확보

완전한 종합 레이저 장비 업체로 거듭나기 위해서는 전방 기술인 레이저 자체에 대한 기술 확보가 필요하다. 장치 산업 특성상 고객의 개별 요구에 맞는 특화된 제품을 납품해야 하는데 여기에 필요한 핵심이 레이저 기술이기 때문이다. 레이저 업체는 최종 고객의 요구와 상관 없이 특정 출력에 규격화된 레이저를 생산하지만, 장비 업체 입장에서는 고객의 요구에 맞도록 레이저 세팅 값을 바꿔 주는 등 고객화가 필요하다. 이오테크닉스가 본격적으로 레이저 자체 개발에 박차를 가하기 시작한 것은 이오테크닉스에 DPSS 레이저 등을 납품하던 리레이저가 경쟁사인 로핀에 인수되면서부터이다. 로핀은 리레이저를 인수한 후에도 리레이저 브랜드를 버리지 않고 기존 거래선에 계속 납품하도록 하였다. 따라서 이오테크닉스 입장에서 레이저 공급에 차질이 생길 우려는 없었다. 그러나 로핀이 아무리 공정한 경쟁자라 하더라도 핵심 부품을 경쟁사에 의존하는 것은 리스크가 컸다.

　더구나 당시 가격을 무기로 무섭게 추격해 오는 중국 경쟁사들 때문에 가격 압박을 받고 있던 이오테크닉스로서는 일부 저가 모델에 한해서 레이저 자체 개발이 필요하던 상황이었다. 2004년 가을 시카고 IMTS 국제 공작 기계 박람회에서 성 대표가 로핀 회장과 독대한 끝에 로핀은 이오테크닉스의 램프 레이저 자체 개발에 협의해 주었다. 로핀 입장에서도 램프 레이저는 중국 업체가 독주하던 분야라 큰 사업적 의미가 없었기에 중국 업체 견제를 위해 오히려 이오테크닉스의 램프 레이저 개발을 도와준 것이다. 몇 년 후 다이오드 레이저도 같은 상황이 되었고, 이때도 로핀이 도움을 주었다. 경쟁사의 도움으로 레이저 자체 개발 역량을 확보한 이오테크닉스는 멀티빔 기술 및 LCD와 PDP 장비의 핵심인 고출력 레이저 기술을 자체 확보할 필요성이 생겼다. 이에 2009년 9월 영국의 파워라제 사 지분 100퍼센트를 인수하는 계약을 체결하였다. 파워라제는 현재 고출력 Nd:YAG 레이저 분야에서 세계 최고의 기술을 보유하고 있는데 국내 LG와 삼성의 LCD, PDP 라인에 들어가는 레이저 장비 역시 대부분 이 파워라제 사의 레이저를 사용하고 있을 정도이다.

자체 레이저 기술을 확보하였음에도 이오테크닉스는 기존 거래선에서 일정 물량을 계속 구매하고 있다. 자체 레이저로 대체하면 조금 더 많은 마진을 남길 수 있지만 기존 업체들과의 장기적인 관계 유지를 위해서 내린 결정이다. 그래서 아직도 상당수의 레이저는 기존 거래선인 미국, 일본, 독일, 이탈리아 업체들로부터 구매하고 있으며, 점진적으로 저가 또는 고출력 레이저 등에 한해 자체 개발 기술을 적용하고 있다. 상거래상의 예의를 서로 지키고 신의를 다하려는 성 대표의 철학이 경쟁사와 좋은 관계를 유지하면서 오히려 기술 이전까지 받아 내는 역할을 한 것이 아닌가 생각된다.

이오테크닉스의 성과

<그림 21>에서 보듯 지난 10여 년간 이오테크닉스의 매출 성장과 수출

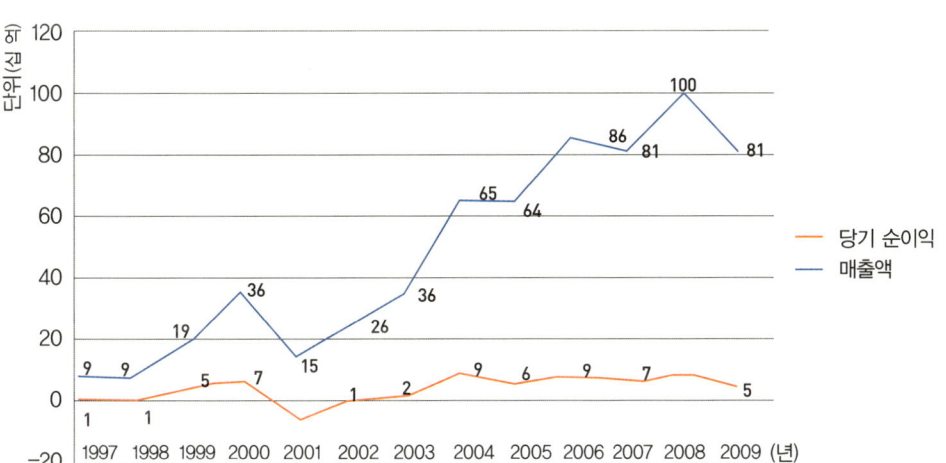

〈그림 21〉 이오테크닉스의 매출액과 순이익 증가율

<그림 22> 이오테크닉스의 매출 현황

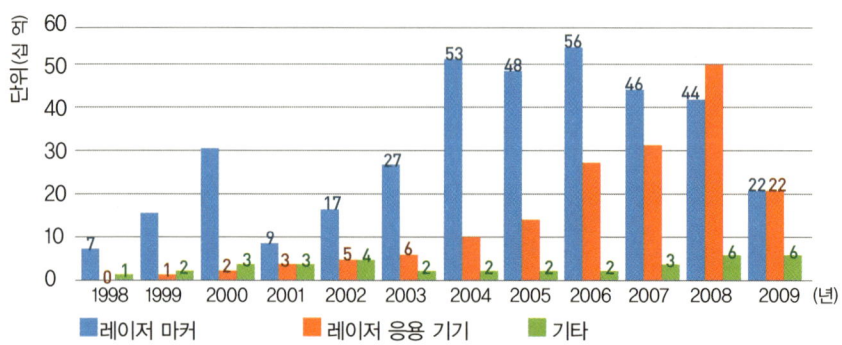

<그림 23> 이오테크닉스의 전체 매출 대비 수출 비중 추이

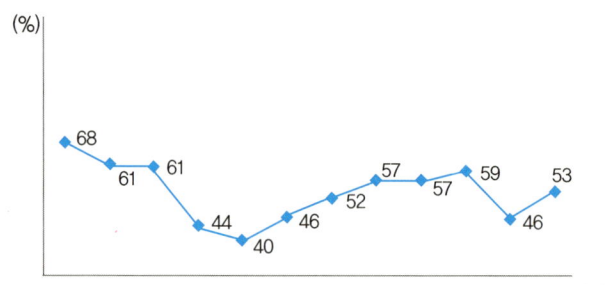

비율을 보면 2008년 1000억 원에 달하던 매출액이 2009년 금융 위기로 인해 810억 원 규모로 줄어들기는 했으나 전반적으로 꾸준한 성장을 해 왔고, 특히 레이저 마킹 장비 외에 다른 레이저 응용 장비의 매출액이 지속적으로 증가하여 사업 다변화를 이루고 있다 (<그림 22> 참조).

이익 규모는 매년 50억 원에서 100억 원 정도로 비교적 양호한 수익률을 보이고 있다. 매출에서 수출이 차지하는 비중은 초기보다 줄어들기는 했으나 여전히 50퍼센트 내외의 비중을 차지하고 있고, 특히 <그림 23>과 <그

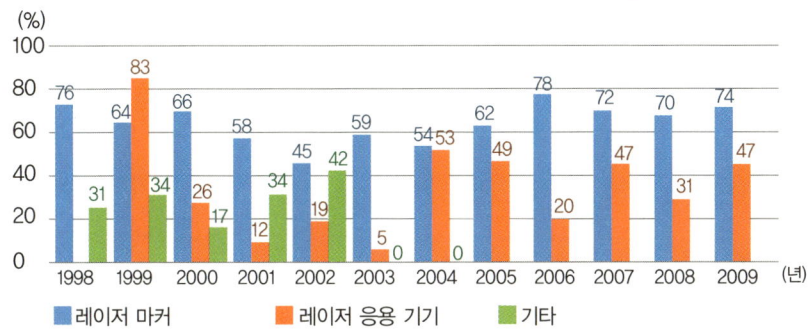

<그림 24> 이오테크닉스의 사업별 수출 비중

림 24>에서 보듯이 레이저 마킹 장비의 수출 비율은 70퍼센트를 상회하고 있다. 22년간 이오테크닉스가 걸어온 길이 순탄치는 않았지만 열정과 집요함이 세계 최고의 기술력으로 무장된 반도체 레이저 마커 시장 점유율 1위의 기업을 만들었다. 성 대표는 외부 업체들과의 파트너십을 계속 유지하면서 필요 핵심 기술은 M&A 등을 통해 외부에서 영입하여 지속적인 기술 리더십을 유지하고자 한다. 이런 배경하에 2010년 5월 이오테크닉스는 투자회사 칼라일로부터 300억 원의 투자금을 유치하였고, 조만간 중국에 신규 공장이 완공되면 이오테크닉스 본사는 기술 개발에 더 많은 역량을 집중할 계획이다.

:이오테크닉스 비전과 조직

이오테크닉스의 비전은 <그림 25>에서 보듯이 '레이저 응용 장비의 글로벌 리더'를 지향하고 있다. 레이저 마킹 장비 개발과 영국의 파워라제를 통해 습득한 레이저 발진기 원천 기술 및 장비 기술을 바탕으로 각종 레이저 응용 장비 분야로 확대하고 있으며, 레이저 장비 업계를 선도하는 혁신적인

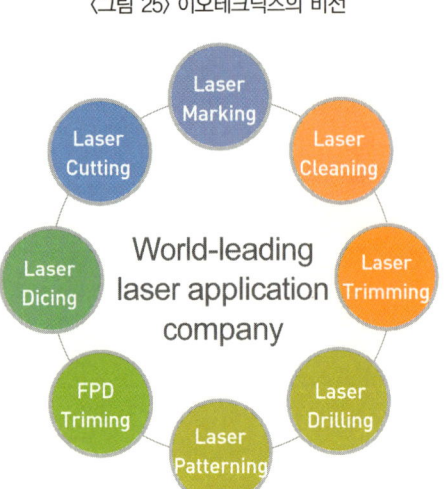

〈그림 25〉 이오테크닉스의 비전

글로벌 리더로 도약하고 있다. 현재 세계 최대 레이저 기업은 매출 규모 약 4조 원의 독일 트럼프 사로, 아직 이오테크닉스와 매출 규모에서 현격한 차이를 보이고 있지만 향후 이 기업을 능가하는 레이저 응용 장비 업체로 성장하고자 하는 확고한 의지를 갖고 있다.

이오테크닉스의 조직 문화는 '변화와 혁신, 직원 중심, 그리고 기술 중심의 성장'으로 요약할 수 있다.

첫째, 변화와 혁신에 대한 끊임없는 요구로서 성 대표가 직원들에게 가장 많이 강조하는 것이 바로 "서 있으면 죽는다."는 것으로 반도체 기술은 빠른 속도로 변하기 때문에 그 변화를 뛰어넘어야 회사가 살 수 있다는 절박한 상황에서 나온 말이다. 그만큼 이오테크닉스의 문화는 변화와 혁신을 강조하고 있으며, 회사의 전략적 선택 이전에 회사 존재의 본질적 기반으로 인식되고 있다.

둘째, 직원 중심의 조직 문화는 글로벌 경제 위기 당시 생존을 위해 어쩔 수 없이 해고한 임직원 50명 중 20명을 나중에 재고용한 데서 잘 나타난다. 이오테크닉스는 회사의 핵심 기술과 역량이 결국은 직원들에게 체화(體化)되어야 하고, 지속적인 혁신을 위한 강도 높은 업무도 결국은 직원들이 주인 의식을 가져야 가능하다고 인식하기에 가능한 한 직원 중심의 조직 문화를 견지하고 있다. 또 경영자는 최악의 상황에 대비해야 하는 책임이 있는 만큼 앞으로도 쉽게 사람을 버리지 않겠다는 CEO의 마인드가 조직 구성원들에게 공유되어 있다.

셋째, 기술에 대한 강한 믿음이다. 이오테크닉스는 우리나라의 몇 안 되는 레이저 전문 업체로서 매우 고난도의 기술 능력이 요구되는 레이저 분야에서 살아남기 위해서는 경쟁 기업보다 우월한 기술을 개발해야 한다는 집념이 매우 강하며, 앞선 기술 역량이야말로 회사를 강하게 만드는 원동력이라는 믿음을 갖고 있다.

이러한 조직 문화를 구현하기 위해 이오테크닉스가 지향하는 바람직한 인재상은 '창조, 도전, 인화'로 요약된다. 즉, 다른 사람과 인화를 이루면서 같이 일할 수 있는 팀플레이어인 동시에 창의적인 아이디어와 마인드를 갖고 있으며, 도전적인 목표를 과감히 실행할 줄 아는 사람이라야 하는 것이다. 사실 이오테크닉스와 같은 중견기업의 경우 아무리 뛰어난 기술자라 하더라도 다른 사람의 도움 없이는 상업적으로 가치 있는 제품을 개발하기 어려우며, 따라서 전체 팀워크를 유지하는 것이 매우 중요하다. 그러면서도 현실에 안주하기보다는 과감히 세계 최초, 그리고 최고 수준의 제품 개발이라는 도전적인 목표를 성취하기 위해 항상 새로운 아이디어와 발상에 착안하는 인재가 필요하다고 하겠다. 이러한 인재를 유인하고 또 이들이 안정적으로 조직 내부에서 자신의 기량과 열정을 쏟아 내도록 하기 위해 이오테크닉스는 자기 계발을 위한 교육비 지원을 아끼지 않고 있다. 여기에는 외국어 학습과 업무 관련 사외 교육비 등이 포함되며, 나아가 자녀 교육 학자금과 의료비도 지원을 하고 있다. 이밖에 사내 동호회 활동과 휴가 및 경조사 비용을 지원함으로써 구성원 간 의사소통을 원활히 하고 신뢰 관계를 쌓을 수 있도록 장려하고 있다. 비록 이오테크닉스가 성과주의 인사 제도를 도입하고 있기는 하지만 상대적으로 구성원 간 연봉과 경제적 보상 차이를 크게 두지 않은 이유는 개인 성과보다는 팀워크에 의한 조직 성과가 더 중요하다는 믿음에 기인한다. 그러나 레이저 분야가 아닌 기구 설계 분야의 기술 인력이 대기업으로 이직하는 경향이 높은 것은 업무 강도가 높고 경제적 보상이 낮은 우리나라 중소기업의 구조적 어려움을 보여 주고 있어 다소 아쉬운 면이 없지 않다.

　이오테크닉스의 조직 구조는 <그림 26>에 나타나 있듯이 기본적으로 기능별 조직을 갖추고 있으나 실제 운영은 복합 기능 매트릭스 cross-functional matrix 조직을 지향한다. 영업·판매 관련 부분은 대표 자신이 직접 많은 부분을 챙기면서 진두지휘하는 형태이며, 제품 개발은 조태익 전무가, 원천 기술 쪽인 레이저 응용 분야는 2005년에 영입된 김남성 전무가 주도하고 있다. 사업부는 일종의 프로젝트 조직으로 영업부에서 수주 활동을 할 때 영업 지

<그림 26> 이오테크닉스의 조직 구조

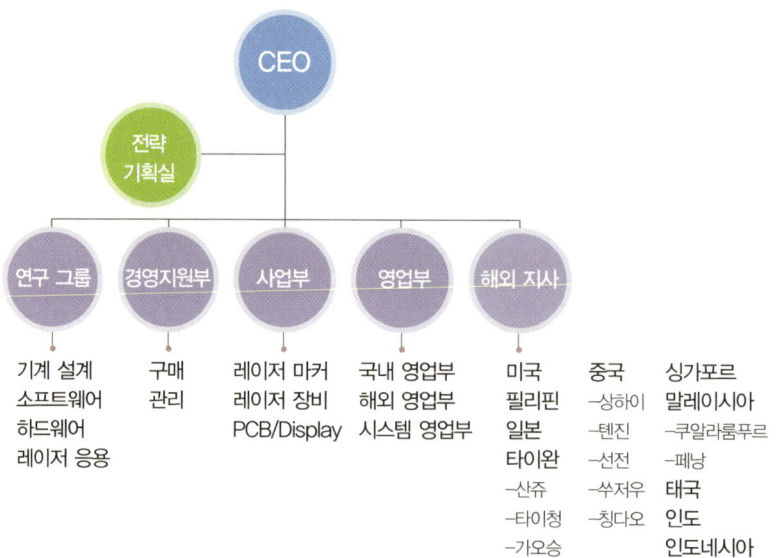

원(제품 스펙 등 기술적 파트)을 하며 초창기 제품 기획을 시작하고 수주가 되면 각 프로젝트별로 리더 역할을 하게 된다. 프로젝트가 시작되면 사업부의 개별 프로젝트에 연구소의 기계, 소프트웨어, 하드웨어 파트가 배정되고 제품의 개발 및 생산이 이루어지게 된다. 장비 산업의 특성상 경기 흐름에 많은 영향을 받게 되므로 특정 산업별, 제품별로 조직을 명확히 구분 짓는 것이 어렵고, 무엇보다 각 고객별 최적의 커스터미제이션customization, 주문 처리을 수행하기 위해서는 단기 프로젝트 팀 형태가 적합하기 때문에 이런 유기적인 조직 구조를 갖게 된 것이다.

이오테크닉스가 법인 전환 이후 가장 먼저 한 일은 기업 부설 연구소를 설립한 것이었다. 또 위기 상황에서도 개발 인력은 줄이지 않았으며, 전체 인원의 절반 이상을 개발 인력으로 채우고 있다. 기술 인력은 늘 전체 인력의 60퍼센트를 상회하였으며, 전체 기술 인력 중 약 40퍼센트가 석·박사 인원일 만큼 전문 인력 영입에 심혈을 기울이고 있다. 또 <그림 27>에서 보듯이 연구 개발에 매출액 대비 10퍼센트 이상을 투자하는 등 매우 공격적인 기술 투자를 하고 있다.

〈그림 27〉 이오테크닉스의 매출 대비 R&D 투자 비율 추이

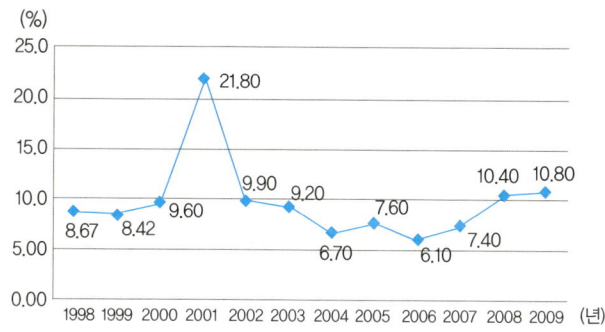

*2001년은 매출액이 급격히 줄었기 때문에 R&D 투자 비율이 높아짐

현재 기술 연구소는 크게 4개 분야로 나누어져 있다. 레이저 응용 연구 그룹은 약 30명의 인원으로 레이저 및 응용 기술 개발을 하고 있으며, 2009년 파워라제 이후 더 많은 프로젝트가 추진되어 현재 약 30여 개의 프로젝트가 동시에 진행 중이다. 향후 종합 레이저 응용 장비 업체로 성장하기 위한 원천 기술 확보에 핵심이 되는 부서라고 할 수 있다. 나머지 3개 그룹은 연구보다는 개발 업무에 치우친 조직으로 볼 수 있다. 개발의 핵심인 조 전무가 기계 설계 그룹을 맡아 주도하고 있으며, 여기에 UI 및 펌웨어firmware를 개발하는 소프트웨어 그룹과 콘트롤러 보드를 개발하는 하드웨어 그룹이 추가된다.

한편 이오테크닉스는 레이저 및 장비 관련 계열사 4곳을 운영하고 있다. 앞서 언급했듯이 1999년 설립되어 2001년 현진테크와 합병한 이엠테크는 주로 반도체 및 LCD 장비에 들어가는 기구 제품을 설계·제조하고 있으며, 2000년 설립된 원텍은 전기 전자 제품 업체이고, 2006년 설립된 레비아텍은 레이저 드릴링 서비스를 전문으로 하고 있다. 이밖에 2009년 인수한 영국의 파워라제는 DPSS 기반의 레이저 발생 장치 업체로서 세계적인 기술력을 보유하고 있는 것으로 알려져 있다. 즉, 이오테크닉스는 레이저 응용 장비 분야로 다각화하면서 수직 계열화하는 동시에 관련 계열사로 분리하는 조직 전략을 구사하고 있는 것이다.

이오테크닉스의 세계 시장 진출을 위한 노력은 1998년 필리핀 지사 설립으로 시작하여 1999년 미국과 싱가포르 현지 법인 설립, 2000년 타이완 법인과 태국, 인도네시아 지사 설립, 2003년 중국 톈진 법인 설립으로 이어져 왔다. 이후 일본과 인도, 말레이시아 등에도 지사를 설립하고, 중국에는 톈진을 포함해 쑤저우, 상하이, 칭다오, 선전 등 5곳에 법인을 운영 중이다.

〈표 18〉 이오테크닉스의 주요 경영 성과 및 지표 현황

연도(년)	1997	2000	2003	2006	2009
매출액(백만 원)	9,091	35,769	35,693	85,900	80,960
레이저 마커		31,295	27,505	55,758	50,674
레이저 응용		1,922	6,457	27,595	22,380
기타		2,552	1,731	2,547	7,906
영업 이익	1,552	7,216	3,860	12,445	6,831
경상 이익	1,640	7,558	2,811	11,360	4283
순이익	1,453	7,146	2,282	8,645	5,231
수출액(백만 원)		21,666	16,552	48,648	47,364
매출액 대비 비중(%)		60.6	46.4	56.6	58.5
연구 개발비(백만 원)		3,433	2,475	5,264	8,070
매출액 대비 비중(%)		9.6	6.9	6.1	10.0
직원(명)		177	162	274	315
연구 인력(명)		91	105	1186	225
해외 지사(명)			100	105	105
합계(명)		177	262	379	420

언제나 앞을 내다보며 대응 전략을 마련하고 새로운 기술 혁신을 통해 신개념의 제품을 끊임없이 개발하며 사업 분야를 더욱 확장해 가고 있는 이오테크닉스. "우리나라를 레이저 산업의 세계 초일류 국가로 만드는 것이 제 오랜 꿈입니다."라고 말하는 성 대표의 꿈이 레이저처럼 빛나는 날도 멀지 않아 보인다.

4. 아이디스(IDIS): 보안용 DVR의 선두 주자

2009년 11월 15일. 부산 사격장에서 일본인 관광객을 포함, 7명이 사망하는 화재 사고가 발생하였다. 현장 감식 등을 통해 화재 원인 규명에 나선 경찰은 뚜렷한 화재 원인을 찾지 못해 발을 동동 굴러야 했다. 결국 이 사건에 대한 전말은 사격장의 CCTV 8대에 녹화된 화재 당시 영상에 의해 밝혀졌다. 부산 사격장에 있던 디지털 녹화 장치는 아이디스가 10년 전인 1999년 납품한 PC 기반의 초기 제품이었다. 고장 없이 하루 24시간, 1년 365일을 쉬지 않고 영상을 녹화해 왔기에 화재 당시 장면을 복원해 낼 수 있었던 것이다. DVR에 녹화된 CCTV 영상을 복원해 화재 원인 분석에 활용한 국립과학수사연구소는 이 사건 수사를 종결한 뒤 공로를 인정해 아이디스에 표창장을 수여하였다.

김영달 아이디스 대표이사
2006~ 현 벤처기업협회 부회장
2005년 전경련 IMI 경영대상 수상
2004년 제41회 무역의 날 대통령상 수상

아이디스 DVR은 이처럼 보안을 위해 한꺼번에 여러 곳의 상황을 점검해야 하는 공공 건물 등에 주로 쓰인다. 국내에서는 인천공항과 강원랜드, 코엑스, 공항터미널 등이 대표적이다. 하지만 아이디스 DVR은 해외에서 더 유명하다. 미국 항공우주국NASA와 유니버설 스튜디오, 뉴욕 지하철, 중국 푸둥 공항, 호주 오페라하우스 등 이름만 대면 알 만한 해외 유명 시설에 아이디스의 제품이 설치되어 있다. 아이디스는 2010년을 기준으로 DVR 분야 시장 점유율 10퍼센트로 세계 3위를 달리고 있으며, 전체 매출액의 약 60퍼센트는 세계 30여 개국에 대한 수출로 달성하고 있다. 2002년에 '1000만 불 수출 탑'을 수상한 뒤 매년 수출액을 1000만 달러 이상 늘려 왔으며, 2005년에는 5000만 불 탑을 수상하였다. 국내에 수백 개의 DVR 업체가 있지만, 대부분이 코스닥에서 퇴출당하거나 부도를 맞아 역사의 뒤안길로 사라져 갔다. 그러나 아이디스는 탄탄한 기술력을 바탕으로 확실한 사업 기반을 확보하며 지속적인 성장을 거듭하여 왔다. 아이디스와 다른 경쟁사의 차별점이 무엇이기에 이토록 '작지만 강한 기업'을 이루어 낼 수 있었을까? 이 질문에 대한 답을 얻기 위해 아이디스의 성장 과정과 핵심 기술 확보를 위한 끊임없는 노력을 파헤쳐 보도록 하자.

:보안용 영상 저장 장치, DVR

보안 산업의 역사는 비디오 기술의 발전과 더불어 1960년부터 태동하였으며, 주로 미국이나 유럽, 일본 등 선진국에서 시작되었다. 보안 산업은 CCTV와 출입 통제access control, 그리고 화재 경보기fire and alarm의 3가지 분야로 구성되어 있는데, 아이디스가 주력하고 있는 시장은 CCTV 분야이다. 초기 CCTV 시장은 미국, 유럽, 일본의 VCR 장비 개발 업체들이 R&D보다는 제조 기술을 기반으로 경쟁해 왔다. 당시 세계 시장은 이들 선진 업체가 주도하였고, 한국과 타이완 기업들이 이를 추격하는 양상이 전개되었다. 아날로그 기술이 주를 이루던 CCTV 시장에 변화가 오기 시작한 것은 1990년대 후반 디지털 기술의 출현 이후라 할 수 있다. 당시 CCTV 제조 업체는 미국과 유럽의 경우 주로 중소 규모의 선진 업체였는데 디지털 기술에 대한 R&D 능력이 미흡하였고, 그나마 대기업이 주를 이루던 일본 업체들도 아날로그 기술에만 집중하여 새로운 디지털 기술을 적극적으로 받아들이려 하지 않았다.

국내 보안 산업은 1970년대에 경보기와 튜브형 CCTV 카메라를 공공기관과 금융권, 군부대를 중심으로 설치하면서 시작되었다. 1980년대 말에서 1990년대 중반까지 건설 경기 호황과 더불어 그 수요가 늘어났고, 1990년대 중반부터 지금까지는 보안의 범위가 각 기업체 및 개인으로까지 확대되면서 연평균 15~20퍼센트 수준의 성장을 꾸준히 이어 오고 있다. 앞으로도 국내 보안 시장은 주5일 근무제 도입과 잇따른 금융권 도난 사고에 따른 보안 시스템 강화, 경찰서나 교통 관련 공공기관 등의 보안 장비 업그레이드 수요에 따라 더욱 성장할 것으로 예상된다.

아이디스의 주력 제품 DVR

오늘날 아이디스를 있게 한 주력 제품인 DVR Digital Video Recorder은 CCTV로부터 들어오는 영상을 디지털로 변환 처리해 하드디스크 등에 압축, 저장하는 영상 감시 및 저장 시스템을 말한다. 기존의 CCTV는 VCR에 직접 녹화하는 아날로그 방식으로 비디오 테이프를 정기적으로 교환하거나 장기간 보관 및 유지 보수를 해야 하는 등 불편함이 있었고, 저장 영상의 화질 및 초당 저장 가능한 이미지 용량 등이 현저히 떨어지는 단점이 있었다. 그러나 디지털 방식의 DVR이 채택됨에 따라 이런 단점을 모두 극복한 것은 물론이고 디지털 영상을 사용자가 순간 검색할 수 있는 검색 기능과 여러 개의 카메라 영상을 1대의 모니터에서 분할·감시할 수 있도록 하는 모니터링 기능, 원격지에서도 전화선이나 LAN 전용선 또는 인터넷을 이용하여 녹화와 검색 및 실시간으로 화면을 감시할 수 있는 화상 전송 기능까지 추가되었다.

〈표 19〉 VCR과 DVR 비교

구분	VCR	DVR
녹화 방식	아날로그 레코드	디지털 엔코딩
저장 매체	비디오	HDD
화질의 열화 정도	반복 사용에 의한 열화	거의 없음
데이터 검색 기능	되감기로 검색	일시별 즉시 검색
화면 검색	검색 불편	순간 검색, 구간 검색 가능
Overlay	화면 끊어짐	연속 화면
화면 분할	별도 장치 필요	자유로움
카메라 제어	별도 통신 장치 필요	자유로움
카메라 입력	제한적임(8개 이하)	자유로움(32개 이상 가능)
화상 전송	기능 없음	자유로움
움직임 저장 기능	없음	움직임이 있을 때 저장 가능
프린터 기능	없음	검색 후 즉시 인쇄 가능
평균 사용 연수	2년	3년
센서 입력	별도 장치 필요	통합 시스템으로 가능
유지 보수 비용	지속적 비용(테이프)	HDD 추가 시
장비 구성	개별 시스템으로 복잡	통합 시스템으로 간편
공간 활용	넓은 공간 필요	좁은 공간에서 설치 가능

자료원: 2009년 아이디스 사업 보고서

DVR 타입의 CCTV는 기존 VCR 방식의 CCTV가 설치되었던 모든 곳에 대체 가능하며, 특히 금융권, 주차장, 백화점, 유통점 등에 감시 및 녹화 장비로 광범위하게 사용할 수 있고, 최근에는 학교 폭력, 주차 관리, 교통 통제 등 그 목적과 사용 범위가 확대되고 있다.

DVR 업계 현황

국내에는 DVR을 생산하고 있는 업체가 중소 업체를 포함, 약 50~100

여 개에 이르는 것으로 추정되며, 이들이 세계 DVR 시장을 선도해 나가고 있다. 국내 업체가 일단 제품의 성능과 가격 측면에서 세계 시장을 압도하고 있고, 주요 영업 채널을 선점한 것이 그 배경이라 할 수 있다. CCTV 시장의 가치사슬을 분석해 보면 크게 CCTV 카메라와 영상을 저장하는 DVR, 그리고 모니터 등으로 구성된다. 이들 제품을 위해서는 멀티미디어 칩과 컴퓨터 운영 체계OS 등의 소프트웨어 공급자와 기구 공급자가 있고 이들로부터 부품과 기구 등을 조달 받아 CCTV 장비를 만드는 보안 장비 업체가 존재한다. 이들로부터 장비를 공급 받아 고객 업체에 장비 및 시스템을 설치해 주는 보안 서비스 SISystem Integration 업체가 있으며, 최종 고객은 금융기관이나 관공서, 카지노, 빌딩 관리 업체 등이 있다.

세계적으로 주요 CCTV 보안 장비 업체로는 아이디스를 비롯하여 미국의 GE, 독일의 지멘스Siemens, 영국의 데디케이티드 마이크로스Dedicated Micros, 일본의 소니Sony와 파나소닉Panasonic 등의 회사가 있었으나 최근 GE는 사업을 매각하였고, 지멘스 등은 보안 서비스 SI 업체로 전환 중에 있다. 아이디스의 1차 고객 업체인 SI 업체로는 해외에 허니웰Honeywell, 지멘스, ADT, 페이콤Pacom 등이 있으며 국내에는 S1에스원과 콤텍시스템, 삼성테크윈 등이 있다. 2010년 국내 DVR 시장 규모는 공장 출하 가격 기준으로 약 900억~1000억 원 규모로 추정되며, 보안 산업 관련 국내 업체 총생산량은 2000억 원을 상회하고 있다. 세계 시장 규모는 보안 산업 관련 조사 기관의 자료에 따르면 2010년도에 약 1조 원을 상회한 것으로 판단하고 있다.

아이디스의 주요 제품

CCTV 카메라가 촬영한 영상을 디지털로 변환하여 저장하는 장치인

〈표 20〉 아이디스의 주요 제품

(단위 : 백만 원, %)

품목		용도	주요 상표	매출액(비율)
PC-Type DVR		Digital 영상 저장 장치(PC-Based) ―――――――――――― CC 카메라로부터 들어오는 영상을 디지털 변환 처리하여 PC의 하드디스크에 압축 저장, 감시, 검색하는 고성능 디지털 시큐리티 제품	Pacom, ADI, S1 등	19,296(26.0)
SA(Stand-Alone) Type DVR		Digital 영상 저장 장치(일체형 type) ―――――――――――― 기존 아날로그 CCTV 장비 활용이 가능한 멀티플랙서와 VCR을 대체하는 고기능 DVR	Honeywell ADT 등	49,012(66.1)
기타	네트워크 관련 제품	INT에서 압축 전송한 영상 데이터를 디코딩하여 아날로그 신호로 출력해 주는 네트워크 비디오 디코더	IDIS	5,880(7.9)
	카메라 IDC 401B IDC 403D IDC 411B	최고의 해상도와 화질을 지원하는 프리미엄 감시 카메라		
	보안 솔루션 ViSS (Video Streaming Server)	네트워크 기반의 감시, 녹화, 관리 기능을 처리하는 강력한 서버용 솔루션		
합계				74,188(100.0)

자료원: 2010년 아이디스 사업 보고서

DVR을 개발·생산·판매하고 있으며, CCTV 카메라 및 기타 IP internet protocol 제품들도 일부 판매 중에 있다. 주요 제품은 PC 타입과 스텐드 얼론 stand alone 타입으로 나눌 수 있다.

:아이디스의 창업 스토리

김영달 대표는 자신이 공부하는 것이 실제 산업 현장에서 어떻게 적용되는지 알기 위해 학부 3학년 때 이미 ETRI에 인턴으로 참여하는 등 간접적으로 현장 경험을 하면서 창업에 대한 꿈을 다진 사람이었다. 카이스트 대학원에 진학해서도 다른 사람들과 차별화할 수 있는 분야를 선택하였는데 당시 전산학과 출신이던 김 대표는 하드웨어와 소프트웨어가 결합된 고유한 영역을 찾아 연구에 몰두하였다. 전공 분야는 퍼지fuzzy 분야였는데 퍼지 컨트롤 알고리즘이 아닌 이를 효율적으로 제어할 수 있는 전용 하드웨어fuzzy control accelerator를 연구 분야로 정하였다. 전자공학 배경이 전혀 없어 하드웨어를 공부하는 것이 쉽지는 않았지만 이 덕분에 그는 하드웨어를 잘 아는 소프트웨어 전문가로 성장할 수 있었고, ETRI 등에서 프로젝트를 계속하며 실무 경험을 쌓아 두 분야 사이의 가교 역할을 할 수 있는 전문가로서 발판을 마련하였다.

박사 과정을 밟고 있던 1995년, 그는 뜻하지 않았던 기회를 얻게 되었다. 박사 과정 지도 교수인 이광형 교수가 박상일 사장이 운영하는 박 시스템즈Park systems에 그를 추천하여 실리콘 밸리Silicon Valley에서 약 10개월간 근무할 수 있었던 것이다. 이후 박상일 사장은 김 대표의 멘토로서 아이디스의 성장 과정에도 조언을 아끼지 않았다. 지금도 그렇지만 당시 실리콘밸리는 벤처의 꿈을 가진 젊은 공학도들에게 '꿈의 구장'이나 다름없었다. 국내 중소기업들은 인건비 등 가격 경쟁력을 기반으로 대기업의 하청 업체 같은 역할을 하는 경우가 대부분이었으나 실리콘밸리는 달랐다. 세계 최고의 기술력을 가진 사람들이 한곳에 모여 전 세계를 무대로 사업을 하고, 기술력 하나로 대기업 못지않은 대우를 받고 지위를 누리는 것이 가능한 곳이었다. 이곳에서 김 대표는 창업을 본격적으로 고민하기 시작하였다. 사실 그 전에는 국책연구소나 대학에서 경력을 쌓을 생각을 가지고 있었으나, 실리콘밸리에서의 경험을 통해 '작지만 세계적으로 가장 우수한 기술을 바탕으로 글로벌 히든 챔피언'이 될 수 있는 벤처기업을 창업하는 것이 새로운 꿈이 된 것이다.

창업을 하겠다는 결심을 하고 한국으로 돌아온 그의 가장 큰 고민은 당연히 '사업 아이템을 무엇으로 할 것인가'였다. 매력적인 사업 기회를 발견하여 창업을 하는 일반적인 수순과 달리 그는 창업부터 결심하고 사업 기회를 찾았던 것이다. 사업 기회를 찾으면서 세운 2가지 원칙은 높은 수준의 원천 기술 없이도 시장에서 성공 가능하며, 대기업이 하지 않아 중소 벤처로도 세계를 제패할 수 있는 사업을 찾는 것이었다. 외부 프로젝트를 할 때 창업한 연구원들이 기술만능주의에 빠져 실패하는 과정을 옆에서 자주 지켜본 그로서는 당연한 귀결이었다.

사업 기회는 의외로 멀리 있지 않았다. 당시 박사 과정 학생이었던 김 대표는 우연히 들른 카이스트 내 경비실 한쪽 구석에 CCTV용 비디오 테이프가 수북하게 쌓여 있는 것을 발견한다. '비디오 테이프로는 최대 12시간밖에 녹화할 수 없고 일일이 화면을 찾아야 하는 등 번거로움이 적지 않을 텐데…'라고 무심코 생각하던 김영달 대표는 순간 "바로 이거다."라는 생각을 했다. "CCTV 영상을 디지털화 한다면 수많은 비디오 테이프를 사용하지 않고도 작은 하드디스크에 저장할 수 있어 공간 절약은 물론 테이프를 일일이 교체해야 하는 수고도 덜고, 화면 검색 및 재생도 간편하게 할 수 있겠다."는 생각에 이르게 된 것이었다. 1990년대 말 당시는 전 세계적으로 디지털화가 화두였던 시기로 아날로그 방식의 시큐리티security, 보안 분야도 조만간 디지털로 전환될 것이 자명했고, 여기에 충분한 사업 기회가 있을 것으로 판단한 것이다. 카이스트 박사과정 동기로 로봇 비전을 연구하던 류병순 박사와 멀티미디어 통신 연구를 하던 정진호 박사가 이에 동조하여 뜻을 같이하였다.

　창업 전 해외 선진 보안 제품의 기술 수준을 두 눈으로 확인하기 위해 김 대표는 1997년 8월, 미국 뉴욕에서 열리는 ISC SHOW국제 보안 기기 박람회에 참여하였다. ISC SHOW는 영국의 IFSEC버밍햄 보안 기기전와 함께 세계 2대 보안 장비 전시회의 하나로 전반적인 산업 트렌드 및 주요 경쟁사의 기술 수준과 잠재 고객을 파악하기에 적합한 행사였다. 당시는 보안 장비 시장이 본격적으로 아날로그에서 디지털로 전환되기 전으로 유명 회사 제품들도 아직 기술 면에서 그다지 뛰어나지 않았다. CCTV 분야는 미국, 영국 등 선진국 중심으로 발달하였는데 해외 대기업의 경우, 대부분이 브랜드 비즈니스를 하는 사업 모델이었으며 제품은 OEM[17] 또는 ODM[18] 방식으로 타이완과 일본 기업에 의존하고 있는 구도였다. 그러나 당시 1등을 하던 일본 업체들은 아날로그 기술에 치중한 나머지 디지털 기술을 기반으로 한 멀티미디어로의

---

[17] Original Equipment Manufacturer: 주문자 상표 부착 생산혹은 주문자 상표에 의한 제품 생산자 방식으로, 물건을 주문한 회사가 생산자 회사에 주문자의 상표를 부착한 상품을 제작할 것을 의뢰하여 상품을 생산하는 방식이다.

[18] Original Development Manufacturer: 주문자 상표로 개발, 제조하는 방식으로 OEM 방식에 비해 제품 개발을 주도적으로 하는 진일보한 방식이다.

전환이 매우 더딘 상황이었고, 해외 대기업 역시 시큐리티 분야가 여러 사업 포트폴리오 중 일부에 지나지 않아 많은 인력과 자원이 투입되지 않고 있음을 김 대표는 발견한다.

자신의 생각에 확신을 갖게 된 김 대표는 전시회에서 돌아온 뒤 곧바로 창업 절차를 밟았다. 회사 이름은 지능형 디지털 통합 보안 시스템이라는 뜻의 'Intelligent Digital Integrated Security'의 이니셜을 따서 '아이디스IDIS'로 정하고 1997년 9월 24일 법인 설립 신고를 한다. 하지만 창업 첫해 매출은 DVR이 아니었다. 우선 먹고살 것을 생각해 한국표준과학연구원 원자 시계의 정확한 시각에 PC 시각을 맞추는 시스템의 개발 용역을 10월부터 3개월간 수행한 것이다. 그러나 이를 끝으로 그는 더 이상 연구 용역을 하지 않기로 결심하였다. 프로젝트로 돈은 벌 수 있겠지만 자신이 원하던 DVR 개발에 몰두할 수 없었기 때문이다.

본격적으로 DVR 제품 개발을 시작한 창업 멤버들은 개발 착수 후 1년여 만에 첫 제품으로 PC 타입 DVR 제품인 'IDR1016'의 개발을 완료하였다. 1998년 IDR1016이 출시되자 시장은 큰 관심을 보였다. 당시 기존 CCTV 업체에서 DVR을 개발하고는 있었지만 제품화에 성공하지 못 하던 상황이었다. 그러나 아이디스의 제품은 소비자들의 요구에 딱 맞는 기능이 모두 구현된 혁신적인 제품이었다. 출시 후 제품이 <전자신문>에 소개되었는데 이를 보고 전국의 보안 장비 설치 업체, 유통 회사, 보안 관련 대기업 등 이곳저곳에서 판권 협상을 요청해 왔다. 국내 시장의 경우 전국에 수백 개의 대리점과 설치 업체가 있었는데 이들에 대해 하나하나 매출 채권 관리, 제품 교육 등을 상대하는 것은 너무 많은 시간과 인력이 필요했다. 아이디스의 전략은 프리미엄 제품을 추구하는 것이었고, 이에 걸맞는 서비스와 유통망을 보유한 곳은 국내 대기업뿐이었지만 불행히도 이들은 독점적 지위를 요구하였다. 아이디스가 직접 판매하는 것은 제한된 자원을 가진 벤처기업으로서 무리였지만 그렇다고 대기업에 종속되는 형태를 취하는 것은 장기적 성장에 걸림돌이 될 수밖에 없었다. 김 대표는 제품 경쟁력을 믿고 대기업을 설득하는 정공법을 선택했다. 보안 서비스에 대해서는 S1과, 대리점 영업에 대해서는 삼성전자와, 그리고 금융 시장 영업에 대해서는 콤텍시스템과 각각 독점적 관계에 합의하면서 특정 업체에 종속되지 않으면서도 아이디스 입장에서는 영업에 대한 부담을 덜 수 있는 방식을 채택하게 된 것이다. 이를 통해 아이디스는 대기업 파트너의 요구를 반영하는 제품 개발에 주력하고, 파트너는 강점인 영업과 서비스를 책임지는 상생 협력의 사업 구조가 성립되기에 이른다.

사실 아이디스는 사업 초기부터 해외 시장 공략을 목표로 하였다. 첫 목표는 보안 장비에 대한 수요가 가장 많은 미국이었다. 그러나 보수적인 보안 시장의 특성상 신생 업체가 진출하는 것은 쉽지 않았다. 보안 시장의 경우 앞서 부산 사격장의 사례처럼 문제만 생기지 않는다면 10년이고 20년이고 같은 제품을 사용하는 경우가 많고, 굳이 제품을 바꾸는 리스크를 부담할 필요가 없기 때문이었다. 아이디스는 미국 진출을 위해 고민하던 차에 국내 기업인 하이트론시스템즈를 만나게 되었다. 하이트론시스템즈는 보안 장비를 수출하는 업체로 그때 이미 15년 이상 전 세계 시장에 제품을 수출하고 있었으며, 특히 미국을 중심으로 탄탄한 판매 네트워크를 갖고 있었다. 하이트론시스템즈와의 인연은 아이디스가 최초로 개발한 IDR1016에 대한 전자신문 기사를 보고 하이트론시스템즈 경영기획실장이 직접 아이디스를 찾아와 전략적 제휴를 맺으면서 시작되었다.

사실 하이트론시스템즈 입장에서는 보안 시장이 아날로그에서 디지털로 넘어가면서 새로운 제품이 필요했는데, 내부 개발 인력뿐 아니라 외부 대학과도 공동 개발을 도모하였으나 번번이 실패를 맛보았다. 특히 아이디스는 기술보다 고객의 편의성과 시장 요구에 걸맞는 기능을 강조하는 철학을 가지고 있었고, DVR 보안 업계에서의 오랜 경험을 통해 고객의 편의성과 필요한 기능에 대해 누구보다 정통해 있던 하이트론시스템즈가 이에 공감하면서 이해관계가 들어맞았다. 하이트론시스템즈는 아이디스에 약 2억 원의 지분 투자를 하는 형식으로 제휴를 체결하였다. 아이디스는 하이트론시스템즈의 채널 네트워크 및 마케팅 역량을 활용하고, 하이트론시스템즈는 아이디스의 제품을 통해 풀 라인업을 구축할 수 있었다.

얼마 후인 1998년 9월, 하이트론시스템즈의 최영덕 사장은 미국 라스베이거스에서 열리는 ISC SHOW에 제품 전시를 제의하였다. 제품은 당시 미국 DVR 판매 대리점 1위 업체인 아뎀코Ademco 사 부스에 전시되었다. 김영달 사장은 최 사장의 주선으로 아뎀코 사장과 미팅을 갖게 되었는데 이곳에서 아이디스 미국 진출에 큰 힘이 되어 준 조지 헤이그George Hage를 만나게 된다. 당시 조지 헤이그는 미국 샌디에이고에 위치한 유한회사인 ULC의 중역으로 있었는데, 아이디스의 제품을 보고 그 자리에서 44만 달러(당시 환율로 약 7억 원)의 투자를 결정하였다. 조지 헤이그는 20년 이상 보안 장비 비즈니스를 해 온 베테랑으로 인적 네트워크가 풍부하였다. 소수의 큰손들이 좌우하는 보안 장비 시장에서 조지 헤이그의 인적 네트워크가 미국 진출에 큰 힘이 된 것이다. 참고로 현재 조지 헤이그는 아이디스의 미국 판매를 책임지는 에이전시 역할을 맡고 있다.

:아이디스의 성장 과정
마케팅 파트너십을 통한 빠른 해외 시장 진출

영업 및 마케팅을 외부 파트너와 협력하는 사업 전략은 창업 직후 아이디스가 급성장하는 데 큰 도움이 되었다. 따라서 국내 영업을 본격적으로 시작한 첫해인 1999년, 국내 DVR 시장 점유율을 40퍼센트까지 높일 수 있었다. 은행권 등이 DVR 기반 보안 감시 시스템 구축에 나서면서 제품의 수요가 급증한 것도 있지만, 대기업이 영업 및 마케팅을 맡아 줌으로써 아이디스는 2명의 영업 사원만으로 급격한 매출 성장을 이루어 낼 수 있었다. 이에 따라 1998년 3억 원이던 매출이 1999년에는 23억 원으로 7배 이상 성장하였다.

이러한 국내 시장에서의 아웃소싱 전략으로 아이디스는 해외 시장 진출에 더 많은 여력을 쏟을 수 있었다. 해외 시장은 하이트론시스템즈와 조지 헤이그를 통해 주로 PC 타입 DVR을 중심으로 영업을 하였다.

1999년 호주 페이콤 사에 소량 납품을 시작하였고, 2000년 페이콤 사가 시드니 올림픽 주경기장에 아이디스 제품으로 입찰에 성공함으로써 해외 시장 개척도 탄력을 받기 시작하였다. 2001년에는 미국 유수의 보안 업체인 허니웰 사에 DVR을 공급함으로써 해외 시장 진출의 교두보를 마련하였으며, 세계 시장에서 인정받은 기술력으로 ADT, 지멘스 등 각 대륙의 메이저 보안 업체들과 견고한 파트너십을 유지할 수 있었다. 이로 인해 매출액이 2000년 83억 원에서 2001년 161억 원으로 80억 원가량 늘었으며, 수출액은 2000년 43억 원(수출 비중 51퍼센트)에서 2001년 113억 원(수출 비중 70퍼센트)으로 약 70억 원가량 성장하였다.

그러나 PC 타입의 DVR을 선호하던 국내 시장의 특성과 달리 해외 시장의 경우 스탠드 얼론 타입의 제품을 더 선호하였는데, 이는 대부분의 경비

요원들이 PC 사용에 능숙하지 못 하기 때문이었다. 하이트론USA의 조지 헤이그 역시 스탠드 얼론 제품의 중요성을 강조하였다. 이런 요구에 부응하여 아이디스는 1999년 'HDR5016' 이라는 스탠드 얼론 제품 개발에 착수하였다. HDR5016의 '5'는 펜타플렉스PentaPlex라는 의미로 감시, 녹화, 재생, 백업, 네트워크가 동시에 지원된다는 뜻이다. 당시 미국 DVR 업계는 트리플렉스TriPlex라는 단어가 갓 소개되는 시기로 HDR5016은 최고 사양으로 기획되었다. 그러나 스탠드 얼론 제품을 개발하는 데 가장 큰 걸림돌은 동영상 압축 및 재생을 해 주는 칩, 즉 하드웨어 부분이었다. 이를 해결하기 위해 하드웨어 설계를 외부 용역에 의뢰하였는데 결국 최종 2퍼센트를 채우지 못해 양산 단계까지는 가지 못했다.

그런데 2000년 즈음부터 가전 업체들의 DVD 플레이어 개발이 확대되면서 상용화된 멀티미디어 칩들이 시장에 선보이기 시작하였다. 아이디스는 HDR5016의 실패를 거울삼아 2000년 7월부터 스탠드 얼론 DVR 제품 개발에 다시 착수하였다. HDR5016 개발 당시 문제가 되었던 핵심 칩은 시장에 상용화된 트라이미디어TriMedia 제품을 사용하여 해결하였다. 1년 뒤인 2001년 7월, 드디어 양산에 성공하였고 모델명은 'SDR4'였다. SDR4는 세계 최초의 동영상 압축 기법이 적용되었으며 국내 최초 스탠드 얼론 DVR 제품이었다. SDR4는 2001년 10월 미주 수출을 시작으로 CCTV 유통 업체인 매트릭스Matrix를 통해 보안 업체인 ADT에 꾸준히 납품되었다.

SDR4의 성공에 힘입어 이후 중가의 스탠드 얼론 제품인 ADR 시리즈를 2001년부터 2002년 사이에 집중 개발하였으며, 1채널부터 16채널 제품까지 풀 라인업을 갖추게 되었다. 영업적인 측면에서 풀 라인업을 갖춘 아이디스는 DVR 판매 유통 업체인 아뎀코 같은 대형 고객을 직접 대응할 수 있는 능력을 갖추었고, 이로 인해 매출 및 수출 물량이 급격하게 늘어나기 시작하였다. 수출액은 2001년 113억 원에서 2002년 320억 원으로 3배 성장하였고, 수출 비중도 80퍼센트에 근접하였다.

코스닥 상장

2000년 해외 진출에 성공하며 매출액 80억 원을 돌파한 아이디스는 2001년 코스닥 상장을 목표로 준비에 돌입하였다. 2000년 당시는 벤처 거품이 극에 달했던 시기로 벤처라는 이유만으로 수백억 원의 자금을 조달할 수 있었다. 당시 국내 DVR 경쟁사들은 상장을 통해 1000억 원 이상을 조달하는 등 막대한 자금력을 확보하면서 아이디스를 위협하고 있었다. 그런데 9월 시장 공모를 앞두고 미국에서 9.11테러가 발생하였다. 많은 회사들이 상장을 연기하는 등 분주하였지만 아이디스는 외부 환경과 상관없이 회사의 본질 가치 하나만 믿고 상장을 강행하였다. 당시 아이디스와 비슷한 시기에 상장을 한 회사는 안철수연구소밖에 없었다. 결국 창업 4년 만인 2001년 9월 27일, 아이디스는 코스닥에 상장하였다. 상장 이후 성장에도 탄력이 붙어 2001년 161억 원이었던 매출이 2002년에는 403억 원으로 급증하였고, 2004년 514억 원, 2005년 697억 원, 2006년 713억 원 등으로 빠른 성장을 기록하였다. 그리하여 아이디스는 미국의 GE, 영국의 데디케이티드 마이크로스 등과 함께 세계 3대 DVR 브랜드로 자리를 굳혔으며, 미국 포브스지가 2년마다 선정하는 세계 200대 베스트 중견기업으로 2회 연속 선정되기도 하였다.

자체 브랜드로 국내 대리점망 구축

2003년, 창업 기반을 닦는 데 큰 역할을 해 준 국내 대기업 파트너 사가

아이디스 사장단 간담회. 아이디스는 매년 국내 대리점 사장단을 대상으로 신제품 발표회 및 사장단 간담회를 실시한다. 이 간담회에서는 사장단에게 신제품에 대한 기술적 브리핑을 함으로써 이해를 돕는다. 또 이 자리를 통해 시장에 대한 정보를 교환하며, 영업 전략을 논의한다. 국내 대리점의 매출은 매년 높은 증가율을 보이고 있어 전체 매출 성장에 한 축을 담당하고 있으며, 아이디스 브랜드로 판매되는 만큼 브랜드 파워 형성에도 큰 기여를 하고 있다.

좀 더 많은 마진을 확보하고자 아이디스와의 계약을 파기하고 자체 개발을 하는 동시에 국내 및 타이완의 중저가 회사 제품으로 대체하는 일이 벌어졌다. 당시 국내 매출의 3분의 1이상을 차지할 정도로 큰 물량이었지만 이를 계기로 아이디스는 배수의 진을 치고 자체 브랜드로 국내에 직접 영업망을 구축하기로 결정하였다. 2001년 기업 공개를 통해 자금력이 풍부해졌으므로 국내에 한해서는 자체 브랜드 대리점망 구축이 가능하다는 판단도 있었다. 그러나 막상 CCTV 주요 업체를 방문하여 영업을 시작하자 우호적인 반응이 드물었다. ODM을 통해 국내 대리점에 공급하였던 관계로 유통 업체들에게 아이디스라는 이름이 익숙하지 않았던 것이다. 게다가 대기업 제품들과 기존 시장을 장악하고 있던 DVR 업체들이 선점한 영업 채널의 벽 또한 높았다. 어렵게 납품에 성공했다 하더라도 3분의 1은 현장 방문 요청이 들어왔다. 불량 때문이 아니라 경쟁 업체 제품에 익숙해져 있던 업체로서는 아이디스 제품 설치가 생소했던 탓이다. 이런 영업적 어려움으로 2002년 83억 원에 달하던 국내 매출은 2003년 43억 원으로 반 토막이 났고 2005년이 되어서야 겨우 2002년 수준을 회복할 수 있었다. 그러나 대리점 중심의 판매 정책과 유통 질서를 위한 안정적인 가격 정책, 현장 중심의 고객 지원, 품질에 대한 신뢰가 입소문을 타면서 대리점 계약 건수도 늘어나기 시작하였다. 2005년부터는 대구, 부산, 광주, 대전, 경기 지역 등 전국에 A/S 지점망을 확보하면서 24시간 고객 불만 처리 프로세스를 확립하였다. 이러한 노력을 통해 2006년에는 국내 매출액 145억 원으로 국내 시장 점유율 1위를 차지하였고, 이 추세는 지금까지 이어져 오고 있다. 현재 국내 시장은 아이디스 자체 브랜드와 제휴한 대기업 파트너 사 브랜드 2가지가 시장을 양분하고 있으나 이 둘은 브랜드만 다르지 사실 모두 아이디스가 개발, 생산한 제품이다.

Bi-polar 제품 전략, 프리미엄과 저가를 동시에

"시장 분석을 통해 시장에서 필요로 하는 기술을 경쟁사보다 먼저 파악하고 이를 제품화하는 것이 벤처의 핵심이다."라는 것이 김 대표의 지론이다. 즉, 아이디스의 기술력이 남들보다 뛰어나서 성공했다기보다는 남들이 보지 못하는 소비자의 요구를 먼저 파악하고 이를 제품화하는 데 아이디스의 핵심 경쟁력이 있다는 것이다. ADR 시리즈를 통해 풀 라인업을 구축하기는 하였지만 시장은 좀 더 빠르고, 좀 더 안정적인 제품을 요구하였다. 특히 가장 불량이 많이 나는 하드디스크 드라이버에 대해 더 안정적인 제품을 원하였다. 이런 시장의 요구를 수용하고자 새로운 소프트웨어 플랫폼을 개발하게 되었고 이것이 적용된 제품이 고가의 XDR 시리즈이다. 초당 120장의 영상을 저장하는 XDR 시리즈는 2004년 5월에 양산을 시작하였다. 한편 DVR 시장이 폭발적으로 확대됨에 따라 타이완, 중국 업체들의 저가형 제품 시장의 비중 역시 커져 갔다. 지속적으로 성장하는 저가 DVR 시장에 대응하지 않고서는 언제 추격당할지 모르는 일이었다. 이에 2002년 4월부터 CDR100이라는 1채널 저가형 DVR 제품을 개발하였으나 연 3000대 정도의 초라한 실적을 거두었다. 이를 계기로 저가형 4채널 제품인 SDR4X0 시리즈를 개발하였고, 기구물 공유를 위한 원가 절감과 자체 파워 유닛을 개발하는 등 원가 경쟁력도 갖추게 되었다. SDR4의 성공 이후 ADR, XDR, SDR4X0 시리즈까지 아이디스는 전 세계 어느 고객의 요구에도 맞는 DVR 제품 라인업을 구축하게 된다.

해외 영업망 확대

아이디스는 제품 채널별 풀 라인업 확보와 함께 미주를 중심으로 지속적인 해외 매출을 확대하였다. 미주 지역에서는 영업 및 고객 관리를 강화하기 위하여 2004년에 보안 장비 A/S 전문 업체인 샌디에이고 소재의 Q20/20사의 지분 50퍼센트를 인수하는 등 마케팅 역량을 지속적으로 강화해 나갔다. 미주 지역 다음으로 공략한 곳은 유럽이었다. 유럽은 특성상 국가마다 언어나 관습 등이 다양하고 이에 따라 요구 사항도 제각각이었다. 유럽 지역 첫 고객은 독일의 VT Videor Technical였다. 2002년 SDR4, ADR100으로 납품을 시작한 이래 2006년까지 VT에 대한 납품 실적은 연평균 235퍼센트(2007년 기준)의 폭발적인 성장세를 기록하였다. VT는 펠코 Pelco, 데디케이티드 마이크로스, JVC 등 기타 유수 DVR 업체들의 솔루션을 판매하고 있음에도 아이디스 DVR을 중심으로 판매를 확장하고 있다. 이는 아이디스의 제품이 안정성 측면에서 우수한 것도 있지만 VT의 자체 DVR 전망 및 UI 등을 적극 지원하는 등 아이디스의 다방면에 걸친 노력이 있었기 때문이다.

2003년 5월에는 세계적 기업인 지멘스에 SDR40e를 최초로 수출하면서 글로벌 ODM 사업을 더욱 확대시켜 나갔다. 지멘스의 경우 MAPCA를 이용한 제품의 자체 개발을 검토 중이었는데, 아이디스가 MAPCA를 이용하여 ADR1600/900/400 시리즈를 6개월 만에 개발 완료하였다는 사실을 접하고 아이디스와 파트너십을 맺는 방향으로 전환하였다. 아이디스는 2003년 지멘스에 처음으로 납품을 한 이후 지속적으로 납품 규모를 키워 2007년까지 연평균 214퍼센트의 매출 성장률을 기록하였다. 2006년 지멘스가 비웨이터 Bewator라는 업체를 인수하면서, 그 업체가 판매하던 다이나칼라 Dynacolor DVR 제품과 내부 경쟁이 있었으나 아이디스의 DVR 라인업을 유지하는 것으로 결정이 날 만큼 성능의 우수함을 인정받았다.

이처럼 전 세계 DVR 수요가 급성장함에 따라 타이완, 중국, 한국의 신생 기업들이 잇따라 DVR 시장에 진출하였는데, 후발 업체 대부분은 저가 시장을 공략하고 있었다. 아이디스는 가격을 통한 시장 공략보다는 고객을 위한 기능이나 편의 제공 등 제품 차별화 측면을 중점으로 영업해 왔지만 한편으로는 확대되는 저가 시장에 적극적으로 대응하기 위해서 4채널 제품인 SDR401을 개발하였다. 아이디스는 2007년 SDR401을 미쓰비시에 납품하기 시작하였다. 일본 DVR 시장은 일본 대기업 4개인 미쓰비시 전기, 산요, 히타치, 마쓰시다 전기가 80퍼센트 이상의 시장을 점유하고, 나머지 20퍼센트를 놓고 일본 군소 기업과 한국, 타이완 등의 해외 제품들이 경쟁하는 구도이다. 일본 시장은 대기업들이 개발, 제조, 판매, 유통 및 유지 보수 전체를 담당하고 있어 상대적으로 고가지만 제품의 내구성과 신뢰성이 매우 높으며, 철저한 A/S로 외국 회사의 시장 진입이 어렵다는 점이 난제로 작용하고 있었다. 다른 지역에서처럼 벤처기업인 아이디스가 자체 브랜드와 유통망을 구축하면서 경쟁사들과 경쟁하는 것은 결코 쉽지 않은 일이었다. 따라서 일본 대기업에 납품하는 ODM 사업 형태를 계속 시도하였다. 2006년 3월 도쿄 시큐리티쇼가 열렸고, 이곳에서 미쓰비시 부스를 찾아가 아이디스 제품을 적극적으로 홍보하기에 이른다. 당시 미쓰비시는 가격이 높아 해외 시장에서 고전을 면치 못하고 있었는데, 때문에 브랜드에 걸맞는 고품질이면서 가격 경쟁력이 있는 제품을 원하고 있었다. SDR401은 아이디스 제품답게 높은 신뢰성을 가지고 있으면서도 저가형으로 개발된 제품이었다. SDR401의 품질 수준과 가격에 만족한 미쓰비시는 실사를 진행하였다. 그러나 미쓰비시가 실사한 것은 제품 자체의 성능이나 품질에 대한 부분이 아니었다. 모든 부품에 대한 RoHS[19] 서류의 상세한 검토는 물론이고, 표면 실장 기술을 담당하는 파트너 사를 방문하여 각종 교육은 이행되는지, 문제 발생 시 매뉴얼대로 이행되고 있는지 등을 실사하는 등 전반적인 시스템에 관련된 것이었다. 이후 양산 단계에서도 각종 품질, 안정성 테스트를 진행하였지만 아무런 하자가 없었다. 미쓰비시 역시 한국의 작은 기업이 이렇게 탄탄한 품질 역량을 갖고 있다는 사실에 적잖이 놀랐다고 한다.

IP 기반 제품 라인업 강화 · 종합 보안 솔루션 프로바이더로

2005년 이후 시큐리티 분야에 또 하나의 변화가 있었는데, 바로 IP 기반으로의 변화였다. DVR이 아날로그 카메라로부터 아날로그 시그널을 동축 케이블을 통해 전송 받아 디지털로 변환한 후 하드드라이브에 저장하는 반면, IP 기반 제품은 LAN선 등을 통해 IP 카메라로부터 디지털 시그널을 직접 전송 받아 디지털로 변환하는 절차 없이 바로 저장하는 방식으로 아날로그 방식에 비해 설치가 간편하고 화질이 우수하다는 장점이 있다. 그전부터 시큐리티 분야에도 IP 시대가 올 것을 예상한 아이디스는 이미 1998년 첫 제품인 IDR1016을 출시하고, 디지털 카메라 전용 칩을 기반으로 한 IP 카메라 개발에도 착수하였다. 아이디스에서 유일하게 외부 연구 자금을 지원 받아 수행한 연구 과제로서 'DCAM101'이라고 하는 제품이었다. DCAM101 프로젝트는 불행히 실패하였으나 이에 굴하지 않고 이후에도 4채널 네트워크 서버인 INT400을 개발하였으며, 하이트론시스템즈와 합작하여 웹캠WebCam 등 IP 제품을 적극적으로 개발하였다. 그러나 당시만 하더라도 네트워크 인프라 보급이 지금처럼 많이 이루어진 상태가 아니었기 때문에 시장에서 큰

---

[19] Restriction of Hazardous Substances : EU에서 발표한 특정위험물질사용제한지침. 2008년부터 모든 전기 · 전자 제품의 생산 공정에 납, 수은, 카드뮴 등 중금속 사용을 금지하는 내용이다.

성공을 거두지는 못하였다. 이후 아이디스는 IP에 대해 관망하면서 준비를 해 왔다. NVR Network Video Recorder에 대비하여 IDR을 개조하여 IP 카메라까지 지원 가능한 혼합형 DVR을 개발하였고, 기존의 RAS Remote Administrator System를 개선하여 RAS 플러스plus를, 서버로는 ViSS Video Streaming Server를 개발하였다. ViSS는 2005년 11월 개발 완료된 솔루션으로 원격 모니터링 시장을 겨냥한 것이었다. ViSS 시스템은 중앙 관리 서버에서 전국 각지에 깔려 있는 수만 대의 카메라를 관리 및 모니터링 할 수 있는 시스템으로 카메라와 DVR, 서버 등으로 구성되어 있다. 중앙 관리 서버에서 16대의 카메라 영상을 저장할 수 있는 DVR 수백 대를 관리하여 중앙 집중식 시스템에 적합하다는 평가를 받았다. 이로 인해 일본의 유니아덱스Uniadex와 제휴를 맺고 2006년 대규모 보안 시설을 네트워크로 연결, 관리하는 통합 보안 솔루션 시스템을 요코하마은행에 구축하였으며, 국내에서는 약 2000개의 신한은행과 국민은행 ATM Automatic Teller Machine, 현금자동출납기을 모니터링하는 관제 시스템도 구축하였다. ViSS는 2006년 9월 국내 최고의 산업기술상인 IR52장영실상을 수상하는 등 소프트웨어 기술력을 인정받았다.

　　이렇게 기존 제품의 변형과 IP 기반 제품의 핵심인 소프트웨어 플랫폼 등을 개발하며 IP 제품을 준비하던 중 시장 확대가 감지되었고, 2007년부터 본격적인 IP 기반 제품 개발이 진행되었다. 네트워크 비디오 서버Network

---

[20] 네트워크 비디오 디코더로서, INT에서 압축 전송한 영상 데이터를 디코딩하여 아날로그 신호로 출력해 주는 제품이다. 다수의 네트워크 서버의 영상 중 원하는 영상을 선택하여 BNC 또는 VGA 출력할 수 있으며, D1급 해상도에서 최대 60장의 이미지를 처리할 수 있다. RAS플러스 또는 전용 키보드와의 연동을 통해 버추얼 메트릭스Virtual Matrix를 구성할 수 있어 네트워크 관제 시스템 구성을 손쉽게 할 수 있다. 출처 : 아이디스 홈페이지

Video Server 제품인 INT1000/4000과 INT에서 압축 전송한 영상 데이터를 디코딩하여 아날로그 신호로 출력해 주는 네트워크 비디오 디코더인 INR1000/4000 시리즈[20]가 2007년부터 개발에 들어갔다. 그 외 기타 주요 IP 기반 제품으로 MNC110B, MMX, INK1000 등이 있다. MNC110B는 HD 해상도를 지원하는 메가픽셀 네트워크 카메라로서 원격지 영상의 실시간 감시를 지원하는 제품인데, 1메가픽셀의 초고해상도 영상과 H.264, M-JPEG의 듀얼코덱이 지원하는 선명한 화질을 통하여 최상의 감시 환경을 제공한다. 또 SD 메모리슬롯을 제공함으로써 최대 32GB의 영상 저장이 가능하여 네트워크 불량 시에도 안정적인 영상 저장을 지원하고, 원격 감시 프로그램인 아이넥스Inex를 통한 실시간 감시 및 녹화 기능으로 보다 편리한 네트워크 솔루션을 제공한다.

MMX는 매트릭스Matrix+VDA+쿼드Quad+멀티플렉서Multiplexer의 기능을 통합하는 새로운 개념의 시스템으로서 데이지 체인Daisy Chain을 이용하여 최대 1024대의 카메라 연결이 가능하며 뛰어난 확장성을 제공한다. 또 INK1000을 통하여 네트워크 제어 기능이 지원되며 INT를 통하여 보다 용이한 설정을 지원한다. 옵션 스위치의 설정으로 64대의 MMX를 연결하여 대규모 관제 솔루션을 구축할 수 있다. INK1000은 네트워크를 통하여 MMX, DVR, INT, INR, PTZ 카메라, 네트워크 카메라에 대한 통합 제어를 지원하며 좌우 분리형 조이스틱, LCD 패널, 조그셔틀을 제공하는 키보드로서 사용자 편의성을 극대화한 제품이다. 최대 1000대의 장비를 운영할 수 있으며, MMX와 연동하여 대규모 관제 솔루션을 보다 용이하게 구현할 수 있다.

〈표 21〉 연구 개발 실적

연구 과제	연구 기간	개발 방법	연구 결과 및 기대 효과	제품명
IDR Series	1998.01 ~2011년 현재	자체 개발	-기존 아날로그 CCTV 시스템을 대체할 새로운 세대의 보안 장비로 현재 아이디스의 주력 제품임 -IDR Series의 다양한 기능과 막강한 성능은 전 세계적인 보안 시장의 요구를 충족시키고 있으며, 이미 국내의 은행권, 공장, 연구소 등에 설치되어 성능의 우수성과 동작의 안정성이 증명되었음 -IDR Series는 디지털 레코딩 시스템의 새로운 표준으로 자리 잡고 있으며, 지속적인 연구와 노력을 통하여 제품의 성능과 편리성·확장성·기능성·안정성을 향상시키고 있음	1016 IDR2016 IDR3016 IDR4016 IDR4116 IDR4516 IDR4616 IDR6016 IDR6116 (상용화)
SDR Series	2000.01 ~2011년 현재	자체 개발	-Embedded RTOS(Real Time Operating System)를 기반으로 하며 매우 안정적인 Compact한 사이즈의 Stand-alone 타입의 DVR -ATM/POS 기기와 연동하여 저장·검색을 지원하며, 모든 가능한 alarm에 대해 1:1로 상응하는 Action을 가지도록 설계되어 있음 -운용/제어를 현장에서 가능하게 할 뿐 아니라 원격지에서도 가능하게 한 DVR로 단일 사이트뿐만 아니라, 복수의 사이트를 통합 관리할 수 있도록 설계되었음	SDR4 SDR400 SDR410 SDR401 SDR800 SDR1600 (상용화)

연구 과제	연구 기간	개발 방법	연구 결과 및 기대 효과	제품명
ADR Series	2001.01~ 2004. 12	자체 개발	-기존의 아날로그 VCR과 멀티플렉서를 대체할 수 있는 높은 품질과 안정성을 겸비한 Stand-alone 타입 -SDR Series의 기능을 포함하면서 녹화 스피드를 높이고, HDD 용량을 늘려 선택의 폭을 넓힘 -녹화 데이터 크기는 작으면서 좋은 화질을 유지할 수 있는 압축 방식을 적용하여 시스템 효율을 극대화하고 운용 비용을 줄임 -RAS Remote Administration System 소프트웨어를 통해 원격지에서 네트워크를 통해 원격 운영/원격 제어/원격 감시가 가능하도록 지원함	ADR100 ADR100E ADR400 ADR400E ADR900 ADR900E ADR1600 ADR1600E ADR400E Plus ADR900E Plus ADR1600E Plus ADRPlus 900E ADRPlus 1600E (상용화)
Web Server	2000.04~ 2001. 08	자체 개발	※INT400은 4개의 센서 포트와 1개의 알람 포트를 갖추고 있으며, 원격지에서 팬/틸트/줌/포커스 제어가 가능 -4채널의 동영상을 Ethernet 및 전화선을 통해 초당 30프레임의 속도로 압축/전송하며, 특히 별도의 1채널 오디오 입력을 지원함 -전송된 동영상 및 오디오 신호는 웹 브라우저를 이용하여 언제 어느 곳에서라도 모니터링 할 수 있음 ※INT100 -1채널 Web Server로 1채널 비디오 및 오디오 전송 INT400처럼 멀티 채널을 필요로 하지 않는 경우에 선택할 수 있는 제품 ※WebCam -일반 CCTV 카메라에 네트워크 기능을 추가한 것으로 기존의 카메라를 대체하여 인터넷을 통해 언제 어디서나 감시 및 모니터링 가능	INT400 (상용화) INT100 (상용화) WebCam (상용화)

연구 과제	연구 기간	개발 방법	연구 결과 및 기대 효과	제품명
MDR Series	2002.6 ~2011년 현재	자체 개발	−금융권 ATM기에 적합한 크기의 제품 −Easy Removable HDD 장착하여 이동성 극대화 −보안을 위한 Lock & Key Power 스위치 지원 −초당 30개의 이미지2~4KB를 녹화할 수 있음 −Full screen과 2*2 screen 모드 지원 −이동 환경에서도 정보 손상을 막을 수 있는 Anti-Vibration, Anti-shock 기능 강화 −1CH 오디오 녹음과 Playback 기능 지원 −원격 제어 기능과 다양한 Broadband를 통한 네트워크 기능 강화 −Time-Lapse, Event-driven, Pre-event 레코딩 등 다양한 레코딩 기능 지원	MDR4 (상용화)
XDR Series	2003.01 ~2011년 현재	자체 개발	−초당 120장 혹은 240장의 녹화 속도를 지원. −HDD의 상태를 자동으로 체크하여 HDD의 온도 및 badsector의 상태를 운용자에게 자동으로 보고하는 기능을 보유함 −HDD 손상 시 가능한 범위까지 HDD를 복구시키며 데이터 저장을 가능케 함 −PC base처럼 화면을 보며 마우스로 모든 동작을 가능케 함. 따라서 비전문가라 할지라도 운용 면에서 컴퓨터처럼 직관적인 접근이 가능토록 함 −리모트 접속: 별도의 소프트웨어 도움 없이 원거리에서 URL만 접속하면 운용이 가능함	XDR900 XDR1600 XDRPRO900 XDRPRO1600 XDR DLX XDR GOLD (상용화)
IP Solution	2005~ 2011년 현재		−Network Video Server, Network Video Decoder/Encoder, Network Video Recorder 등 IP Network과 접목된 솔루션	

ODM에서 OBM으로 시장 확장

아이디스 해외 수출의 상당 부분은 미주 지역에서 발생한다. 미주 지역의 영업, 마케팅 및 고객 지원 강화를 위해 2004년 보안 장비 A/S 전문 업체인 샌디에이고 소재 Q20/20의 지분을 인수하였고, 2009년 CCTV 유통 회사인 댈러스 소재 매트릭스 네트워크Matrix Network Inc.를 설립하여 현재 자회사로 편입된 상태이다. 그러나 2008년부터 시작된 금융 위기는 아이디스에도 위기를 가져다 주었다. 아이디스의 주요 고객인 은행 등 금융회사들이 경제 위기로 DVR 등 보안 장비에 대한 투자를 전면 중단한 것이다. 이 때문에 2009년에는 창사 이래 처음으로 역신장을 하였다. 아이디스가 소수 바이어에 대한 의존도가 낮아 심각한 위기는 모면할 수 있었지만, 수출 비중 역시 60퍼센트 수준으로 떨어졌고, 영업 이익률도 간신히 20퍼센트를 넘는 등 위기에 직면하였다.

아이디스의 기본적인 마케팅 전략은 전문 보안 장비를 필요로 하는 프로페셔널 고객군을 대상으로 프리미엄 제품을 파는 것이었으나 금융 위기로 인해 중저가 제품의 시장이 커지기 시작하였다. 아이디스의 마케팅 제휴 파트너들인 허니웰, VT, 시스코CISCO 등도 타이완, 중국산의 중저가 제품으로 인해 시장 지배력이 약화되었고, 이들 역시 중저가 제품을 라인업에 포함시키는 쪽으로 포트폴리오가 변경되었다. 과거 국내에서 자사 브랜드로 직접 영업을 시작하였던 것처럼 파트너 사의 중저가 라인업 확대로 아이디스는 자사 브랜드를 구축하여 직접 영업을 하기로 결정하였다. 즉, 기존의 ODM에 OBM[21]을 추가한 전략적 변화를 추진한 것이다. 파트너 사의 아이디스 제

---

[21] Original Brand Manufacturer: 제조자가 자신의 상표 또는 브랜드로 직접 판매하는 방식으로 많은 OEM 혹은 ODM 업체가 궁극적으로 원하는 비즈니스 모델이기는 하지만 자신의 브랜드와 마케팅, 유통 능력을 갖추지 못하면 성공 가능성이 낮아 쉽게 추구하기 어려운 전략이다.

품군 비중이 줄어들기 때문에 생존을 위해서는 어쩔 수 없는 선택이었고, 파트너 사도 이를 이해할 수밖에 없었다.

미주 시장에 자체 브랜드로 중저가 제품군을 확대하기 위해 아이디스가 주목한 것은 샘스클럽Sams club, 홈디포Home Depot, 코스트코Costco, 베스트바이Best Buy 같은 미국의 대형 유통 체인들이었다. 그러나 이들 유통 회사는 타이완, 중국 회사들이 원가 경쟁력을 앞세워 선점하고 있었다. 이에 맞서기 위해 아이디스가 중점을 둔 것은 중간 유통 회사의 수직 계열화 및 제품 경쟁력이었다. 일반적으로 제조사는 이들 소매업자에게 직접 납품하지 않고 중간 머천다이저merchandiser 회사에 판매하는데, 이들이 대형 유통 회사에 공급하면서 물류 관리, 교육, 세일즈 등의 역할을 한다. 그러므로 원가 경쟁력 확보를 위해서는 이 중간 유통망을 수직 계열화 할 필요가 있었다. 이런 필요에 따라 설립된 회사가 레보Revo였다. 또 타이완, 중국산 DVR 같은 경우 반품률이 20퍼센트를 넘는 등 소비자 불만이 많은 편이었는데, 아이디스는 제품 경쟁력을 바탕으로 이 반품률을 최대한 낮출 것을 대형 유통 체인들에 적극 홍보하였다.

그 결과 2010년 2월 미국의 회원제 마트인 샘스클럽, 전자 제품 양판점인 베스트바이 등 70여 곳의 미국 소매 점포에 DVR을 납품하기 시작하였다. 하이트론시스템즈의 감시 카메라와 모니터를 자사 DVR과 영상 보안 패키지 상품으로 출시하여 중소 유통 회사인 레보 브랜드로 판매하고 있는 것이다.[22] 현재 시장 반응은 매우 성공적이며, 반품률은 경쟁사의 4분의 1 수준으로 매우 낮아 고객들의 만족도도 높은 편이다. 기존의 아이디스는 주로 해외에서

---

22 아이디스는 현재 레보의 지분 약 23퍼센트를 보유하고 있다.

보안 서비스 SI 업체를 대상으로 영업해 옴으로써 프리미엄 제품을 고마진에 판매할 수 있었지만, 세계적인 금융 위기로 인해 최근 몇 년간은 매출이 정체한 상태였다. 저가 DVR 라인업 확보와 더불어 자사 브랜드로 미주 지역 대형 유통 체인에 직접 진출하게 된 것의 의미는 더 큰 기업으로 성장하기 위한 볼륨 확대 전략이었다. 국내에서 대기업 중심의 ODM 판매에서 자체 브랜드 및 유통망 확보를 기반으로 한 OBM 전략으로 전환하기로 결정했던 2003년 이후 3년간은 고전하였지만, 그런 결정으로 더 큰 성장을 이뤄냈던 것처럼 미국에서의 OBM 전략 역시 아이디스에게 더 큰 결실을 안겨 줄 것으로 기대할 수 있다.

산업용 프린터 신사업 진출

김 대표가 꿈꾸는 아이디스는 보안 전문 회사와 더불어 지속 가능한 기업을 만드는 것이다. 이에 따라 보안 시스템 시장에서 DVR 제품과 같이 단품이 아닌 글로벌 통합 솔루션 프로바이더로 확장하는 것과 동시에 또 다른 성격의 사업 포트폴리오를 구축하여 아이디스의 생명력을 높이고자 하였다. 이런 그의 비전은 2005년 12월 아이앤에이시스템이라는 카드 프린터card printer 제조회사를 인수하는 혁신적인 발상을 낳았다. 아이앤에이시스템은 국책 과제로 산업용 프린터를 연구하던 회사로 아이디스가 인수하기 전에는 기술 개발이 완료되지 않은 상태였다. 이를 아이디스가 인수한 후 추가 개발비를 투자하여 2011년 현재 제품 상용화에 성공한 상태이다. 김 대표는 신규 사업을 선택함에 있어 아이디스를 창업할 때와 마찬가지로 대기업과 직접 경쟁을 피하면서, 새로운 기술의 등장으로 인하여 시장의 변화가 일어나는 초기 시점에 진입할 수 있고, 높은 기술력을 바탕으로 차별화된 경쟁력과 지속적인 수익을 창출할 수 있어야 한다는 3가지 조건을 염두에 두고 있었다. 수년 전부터 이러한 신성장 분야를 찾던 중 특수 프린터 분야를 눈여겨보게 되었다고 한다. 프린터 분야는 장비를 판매한 후 카트리지 같은 고마진의 소모품을 지속적으로 공급할 수 있는 독특한 사업 모델을 갖고 있는 산업이다. 그가 관심을 갖고 있는 특수 프린터 분야는 새로운 기술인 열전사 방식으로 예전에는 대형 장비에서만 가능했는데, 최근에는 운전면허증, 학생증과 같은 플라스틱 카드 프린팅에 응용되는 등 갈수록 소형화되고 있는 추세이다. 아직까지는 특수 프린터 분야의 시장 규모가 작아 경쟁사가 몇 개 되지 않지만 향후 스마트카드, RFID[23] 등으로 용도가 확대되면 폭발적으로 수요가 늘 것이라 기대하고 있다. 특히 열전사 방식의 프린팅 분야는 비선형 제어 알고리즘 소프트웨어 기술을 필요로 하는데, 전산학과 박사 출신 5명이 창업한 아이디스가 소프트웨어 개발에 있어 뒤지지 않는 경쟁력을 갖고 있음을 감안하면 기존의 역량을 계속 활용할 수 있는 사업인 셈이다. 그러나 현재 아이엔에이시스템은 지역적으로, 그리고 조직 측면에서 아이디스와 분리 운영되고 있다.

아이디스의 기술 개발 전략과 역량

아이디스가 세계적인 경쟁력을 갖추게 된 배경은 두말할 필요도 없이 바로 기술력 때문이다. 아이디스는 창업 초기부터 'R&D 중심 회사'를 표방하고 이를 실천에 옮기고 있다. 2010년 말을 기준으로 직원의 업무별 분포를

---

[23] Radio Frequency IDentification : IC 칩과 무선을 통하여 식품, 동물, 사물 등 다양한 개체의 정보를 관리할 수 있는 차세대 인식 기술을 말한다.

보면 연구 개발 인력이 전체 직원의 46퍼센트로 가장 많고, 그 다음이 생산직으로 30퍼센트를 차지한다. 영업직은 전체의 12퍼센트, 관리직도 12퍼센트로 영업직과 관리직을 합쳐도 연구 개발 인력보다 적다. R&D 인력의 43퍼센트는 석·박사급이다. 매년 평균 매출액의 약 10퍼센트를 R&D 비용으로 투입하고 있고, 2010년까지 평균 11.4퍼센트의 증가율을 보였다. 아이디스의 기술력은 특허 등록 현황에서도 입증된다. 2010년 말을 기준으로 해외 등록 6건을 포함하여 총 39건의 특허를 보유하고 있고, 현재 국내외에 8건의 특허를 출원 중이다. 아이디스가 그동안 개발해 온 핵심 기술을 소개하면 다음과 같다.

압축(Compression)

인트라-프레임 컴프레션Intra-frame compression으로서 H.263, MPEG, ML-JPEGMulti-layer JPEG 등의 기술이 포함된다. 특히 H.263 압축 기술을 기반으로 레이어Layer 분리 및 엑스-프레임X-frame 생성 기법 등을 추가하여 CCTV 시스템에서 영상 압축, 저장, 전송에 효율적인 압축 알고리즘을 개발하는 기술에 우위를 갖고 있다.

멀티미디어 데이터베이스(Multimedia Database)

영상, 음성 저장 방식에 있어 기존 파일 시스템을 사용하지 않고, 고용량 영상 데이터베이스 구조iBANK를 형성함으로써, 시스템 안정성 및 운용상의 편의성을 극대화한 기술이며 여러 특허로 기술을 보호하고 있다.

Sync Locking In Source Multiplexed System

다수의 카메라 입력 신호 전환 시 발생하는 동기 처리 기술로서 버티컬 싱크Vertical Sync를 위한 16.67ms for NTSC, 20ms for PAL 기술과 호리즌털 싱크Horizontal Sync를 위한 63.5us for NTSC, 64us for PAL, Odd, Even field 기술로 구성되어 있다. 그러나 최근 멀티미디어 칩의 발전으로 이러한 기술은 칩에 체화되는 추세이다.

멀티스크린 디스플레이(Multiscreen Display) 기술

PCI BUS Bandwidth에 제한되지 않는 실시간 동영상 디스플레이 기술로 이것도 멀티미디어 칩의 발전으로 더 이상 차별적인 기능을 하지 못하고 있다.

원격 모니터링 기술

인터넷, 전화선, ISDN 등을 통하여 다채널, 다화면 실시간 접속 기술 및 제어 기술로서 IP 기술의 발전 추세와 다양한 공급자에 의한 대규모 장비의 통합적인 관제를 위해서 점점 더 중요해지고 있는 아이디스의 핵심 기술 중 하나이다.

전원 제어(Power Control) 기술

시스템 안정성을 위한 전원 제어 기술로서 하루 24시간 1년 365일 동안 오류 없이 안정적으로 시스템을 운영하는 데 매우 중요한 기술이다.

지능형 검색 기술

다채널 동시 검색 및 파노라믹 뷰panoramic view 기능으로 서치 바이 옵젝트search by object, 서치 바이 로케이션search by location 검색 기능이 가능하며 특히 최근에 이를 발전시킨 비디오 분석 기술이 아이디스의 차별적인 기능을 제공하는 데 중요한 역할을 하고 있다.

암호화 기술

체인드 핑거프린터Chained Fingerprinter 암호화 기술 역시 아이디스가 보유하고 있는 기술 중 하나이다.

시스템 통합 및 신뢰성 기술

위에 소개한 개별적인 기술의 역량도 중요하지만 이러한 기술을 결합하여 하나의 시스템으로 통합하고, 이를 안정적으로 운영하는 것이 가장 중요한 기술이라 할 수 있다. 즉 단위 기술 역량뿐 아니라 이 기술들을 결정하고 통합함으로써 하나의 시스템을 개발하고 구축하는 기술 역시 오랜 기간의 경험과 노하우가 축적되어야만 가능하며, 특히 하루 24시간, 1년 365일 동안 동작 오류 없이 안정적으로 보안 영상 기록을 저장하는 DVR 제품의 품질 신뢰성은 아이디스 제품을 경쟁 제품과 차별화하는 핵심 기술 역량이라 할 수 있다. 사실 국내 다른 DVR 장비 업체의 경우, 나름대로 필요한 요소 기술 능력을 보유하고 있었으나 주로 가격 경쟁에 의존해 기술의 지속적인 업그레이드와 안정성 확보에 실패함으로써 결국 시장에서 퇴출되고 말았다는 사실은 개별 기술 역량뿐 아니라 시스템 통합과 안정적인 운영 기술의 중요성을 대변하고 있다.

:아이디스의 비전과 조직 문화

아이디스는 창업 때부터 "세계 최고의 종합 보안 솔루션 공급자 total security solution provider"를 비전으로 세우고 차근차근 기업의 역량을 구축해 왔으며, 비록 규모는 작지만 세계적인 기술력과 함께 시장 점유율 1위 업체로 발전해 왔다. 고객에 대한 신뢰와 협력 업체에 대한 신뢰, 그리고 종업원에 대한 신뢰를 바탕으로 우리나라에 새로운 중소 벤처기업의 역할 모형으로 성장하고 있다.

이러한 비전을 성취하기 위해 김 대표는 3가지 경영 철학을 세우게 된다. 첫째, 기업은 먼저 수익을 올릴 수 있어야 한다 making money principle. 수익을 올린다는 것은 기업의 존재 이유일 뿐 아니라 제품이 그만큼 고객에게 가치를 제공한다는 것을 의미하는 것이고, 또 기업이 비전을 달성하기 위해서도 돈은 필요하기 때문이다. 그러나 돈만 버는 것이 회사의 목적일 수는 없기 때문에 세계 시장에서 1등이 되어야 한다는 둘째 원칙이 필요하다 achievement principle. 우리 기술로 세계 시장을 정복한 글로벌 최강 기업이 되는 것은 그 자체가 큰 의미를 갖는다. 마지막으로 이러한 것을 이룰 수 있으면 모두가 행복한 기업이 될 수 있다 happiness principle. 회사의 구성원에게는 금전적 보상과 자부심 같은 감정적 보상을 제공하고, 질병이나 가정의 어려움을 겪을 때에도 회사가 도움을 줄 수 있다. 주주들에게는 안정적인 배당과 자본 이익을, 협력 업체에게는 공정한 경쟁과 적정 이윤을 보장하고, 고객에게는 좋은 제품을 적정한 가격에 제공함으로써 모두에게 행복을 줄 수 있는 기업이 되는 것이 아이디스의 경영 목표라 할 수 있다. 이런 원칙에 따라 아이디스는 DVR과 보안 시장에 집중해 왔고, 그 결과 세계적인 DVR 업체로 성장하게 되었다.

아이디스는 DVR 단일 제품 사업을 갖고 있어 조직 구조 역시 기능별로 구성되어 있으며 이를 통해 각 기능별 전문성과 역량을 전문화하는 데 역점을 두고 있다. 특이할 만한 것은 연구소에도 개발품질보증팀이 있을 뿐 아니라 생산 본부에도 품질보증팀이 있고, 마케팅 본부에도 고객서비스팀이 제품 품질에 대한 서비스를 제공하고 있다는 사실인데, 이를 통해 얼마나 자사 DVR 제품에 대한 품질을 중시하고, 또 제품 신뢰성을 높이기 위해 이중 삼중 조직적으로 관리하고 있는지를 알 수 있다. 다른 기업들이 중국 등 인건비가 싼 지역으로 생산 기능을 이전하는 데 반해 아이디스가 국내에서 생산을 집중하고 있는 이유 중 하나도 DVR 제품의 품질과 신뢰성을 보장하기 위한 전략적 선택이라고 할 수 있다.

현재 아이디스의 연구 개발 조직은 PC 기반 DVR 제품개발팀과 스탠드얼론 DVR 제품개발의 2팀, 그리고 원격 모니터 및 네트워크 소프트웨어팀, 데이터베이스 및 네트워크 기본 라이브러리를 개발 관리하는 코어팀, ASIC팀, IP 카메라팀, 기구팀, 디자인팀, 시험 테스트팀, 그리고 개발품질보증 QA팀으로 구성되어 있다. 이 중 코어팀과 네트워크 소프트웨어팀은 핵심 원천 기술을 개발하고 축적하는 역할을 하며, 개발팀은 직접 제품을 개발하는 역할을 맡고 있고, 나머지 팀은 원천 기술 및 제품 개발에 필요한 지원 역할을 한다. DVR 제품의 경우 소프트웨어적인 기능 구현이 제품 차별화의 주된 요소이기에 소프트웨어 개발을 안정화하는 것이 그 무엇보다 중요하다. 따라서 소프트웨어를 플랫폼화하여 전 제품이 공유하는 형태로 개발을 진행한다. 처음에는 아이디스도 필요할 때마다 소프트웨어를 개발하였으나 제품이 다양화되면서 중복되는 업무도 많아지고, 한두 명의 인력에 의존하다 보니 소프트웨어 개발 안정화가 되지 않았다. 그래서 2001년부터 틈틈이 짬을 내어 소프트웨어 플랫폼화 작업을 진행, 2003년에 작업이 완료되었고 XDR에 처음 적용되었다. 현재 XDR 이후 출시된 제품은 모두 당시 개발된 플랫폼에 기반하고 있다.

아이디스는 플랫폼 개발로 인해 인력 이동에 따른 개발 안정성 저하를 막을 수 있게 되었다. 즉 새로 들어온 사람은 각 팀 선임급의 소스 코드를 보면서 구조를 이해하고, 각 팀별로 최소 한 달에 한 번, 보통 2주에 한 번 꼴로 소스코드 리뷰를 한다. 소스코드 리뷰는 그 기간 동안 변경된 코드를 다 올려놓고 선임자들과 개발자 간에 토의를 하는 자리로 SVN 같은 소스코드 관리 시스템도 내부적으로 구축해 놓고 있다. 또 실력 있는 개발자들은 코어팀으로 보내 원천 기술이나 플랫폼 개발 등 고난이도 업무를 할당하여 이들의 지적 요구를 충족시키도록 하였다. 이렇게 선임자와 후임자 간 소스코드 리뷰를 통한 학습 체계를 구축하여 개발 조직의 안정화는 물론 인력의 선순환 구조를 구축하였다.

〈그림 28〉 아이디스의 조직 구조

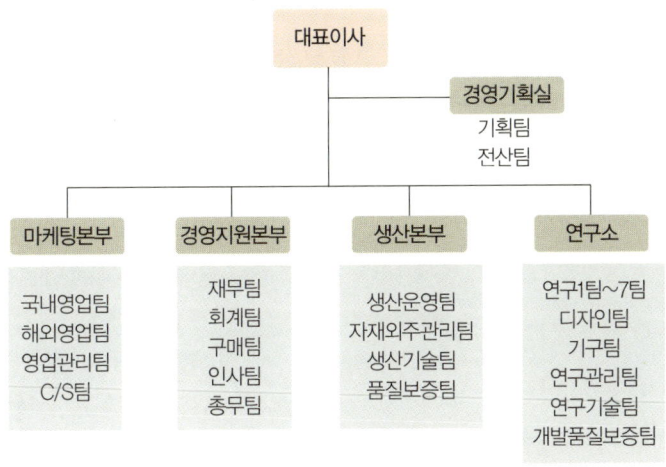

아이디스가 외부 개발 용역 또는 공동 연구를 하지 않는 이유는 시큐리티 산업 특성상 제품의 신뢰성이 높아야 하기 때문이다. 물론 외부 용역을 주는 경우 98퍼센트까지는 구현이 가능하다. 기능도 거의 비슷하게 구현할 수 있다. 그러나 최종 2퍼센트 때문에 1년 365일 중 단 하루, 단 한 시간이라도 작동 오류가 발생하는 사태가 벌어지면 회사의 신뢰성에 치명적인 결과를 가져오게 된다. 시큐리티 산업에서 2퍼센트는 100퍼센트이며, 그 2퍼센트의 차이가 기업의 존폐 여부를 결정할 정도로 중요하기 때문이다. 그러므로 제품의 안정성과 신뢰성을 최대로 유지하기 위해 개발 전 과정을 내부에서 진행하고 품질을 철저히 관리하는 것을 무엇보다도 중요시하고 있다.

또 아이디스는 신규 사업 진출과 국제화를 목적으로 유통과 A/S 부문의 업무를 효과적으로 추진하기 위해 4개의 자회사를 운영하고 있다〈표 22〉 참조〉.

김 대표가 조직 활성화를 위해 강조하는 것 3가지는 다음과 같다. 첫 번째는 회사 비전 공유이다. DVR 분야에서만큼은 우리가 세계 최고이고, 다

〈표 22〉 아이디스 관계 회사 현황

회사명	현황
아이앤에이시스템㈜	카드 프린터 제조사로서 아이디스가 산업용 프린터 시장에 진출하기 위해 인수한 업체
Q20/20	보안 장비 A/S 전문 회사로서 프로페셔널 프리미엄 시장의 고객들에게 서비스를 제공하기 위해 설립한 회사
Matrix	CCTV 유통 회사로서 일종의 VMI(Vendor Managed Inventory)로 ADT에 납품하는 제품을 관리하고 있음
Revo	일반 유통 시장을 공략하기 위해 북미에 설립된 회사로 아이디스 제품을 Revo 브랜드로 판매하고 있으며 샘스클럽 등의 소매 유통 체인을 대상으로 merchandising을 하는 회사임

른 시큐리티 분야에서도 세계 최고를 달성할 것이며, 여기에 직원 모두가 동참하고 있다는 사실을 강조하는 것이다. 두 번째는 아이디스라는 회사가 사실 모든 직원에게 행복을 안겨 줄 수는 없지만, 직원들이 회사를 사랑하는 만큼 회사도 직원 개개인의 불행을 막아 주는 역할에 주저하지 않는다는 것이다. 즉 누가 암에 걸리거나, 상喪을 당하면 회사가 직접 최대한 지원을 해 주는 등의 복지 제도를 갖추어 직원과 회사가 공생하는 관계를 만든 것이다. 세 번째는 이익공유제profit sharing이다. 코스닥 상장 이후 아이디스는 '10·30·30·30' 제도를 운영하고 있다. '10·30·30·30' 제도란 전체 이익의 10퍼센트는 주주 배당, 30퍼센트는 예기치 못한 상황을 위해 예비 자금으로 사내 유보, 30퍼센트는 미래를 위한 아낌없는 투자, 나머지 30퍼센트는 직원들을 위한 복지 혜택 및 보상에 사용한다는 것을 내용으로 한다. 직원 보상에 쓰이는 30퍼센트 중 3분의 1은 인센티브 형식을 통해 현금으로 지급하고, 나머지는 복지 제도 운영 등의 예산으로 활용된다. 2010년의 경우 이익이 220억 원 정도인데 직원이 250명 정도였으니 인센티브로 1인당 평균 1000만 원 이상을 받은 셈이고, 2000만 원 수준의 복지 혜택을 누린 셈이다. 물론 개인의 성과에 따라 차등 지급하였기 때문에 2010년을 기준으로 한다면 최저 200만 원에서 최고 수천만 원까지 나뉠 수 있을 것이다. 직원들의 급여는 기본적으로 호봉제와 개인 성과급으로 구성된다. 호봉제 급여, 즉 기본급 같은 경우 대기업과 비교했을 때 높은 편은 아니지만 성과급을 감안하면 급여 수준이 대기업과 비슷한 수준까지 올라가게 된다. 물론 우리나라 최고 대기업의 인센티브까지 합한 금액과 비교하면 높다고 할 수는 없다. 성과에 대한 평가의 경우 대부분이 개인 평가 중심인데, 그 이유는 소프트웨어 개발은 개인의 역량 차이가 정말 큰 차이를 낳는, 즉 핵심 인력 한두 명이 80퍼센트 이상의 중요도를 갖기 때문이다.

　아이디스는 이처럼 앞서 다른 세 강소기업과 달리 나름대로 완제품을 만들고 있으며, 특히 소프트웨어 분야의 역량에 중점을 두고 있다는 특징을 가지고 있다. 이제 우리나라는 소프트웨어 분야에서 선진국을 추격하여 새로운 혁신을 창출하지 않으면 점점 뒤따라오는 다른 아시아 국가들과의 경쟁에서 뒤처질 위기에 놓여 있다. 따라서 아이디스의 미래는 우리나라 전자 산업의 미래, 나아가 우리나라 강소기업의 미래를 가늠할 수 있는 중요한 시금석이라고 할 수 있다. 세계 최고의 통합 보안 장비 업체가 되기 위한 김영달 대표 및 아이디스 임직원의 부단한 혁신과 국제화 노력이 월드베스트 강소기업의 모범 사례가 되어 앞으로 제2, 제3의 아이디스가 나타나 우리나라 전자 산업과 중소기업을 이끌어 가기를 기대해 본다.

<표 23> 아이디스 재무 실적 및 연구 개발 투자 추이(창업 이후 현재까지)

(단위 : 백만 원)

		1997	2000	2003	2006	2009	2010
PC type	국내		3,081	3,359	9,291	14,873	18,395
	수출		2,535	11,564	10,385	4,423	3,857
	수출 비중(%)		45	77	53	23	17
	합계		5,616	14,923	19,676	19,296	22,252
SA type	국내			187	3,600	10,589	15,061
	수출			22,656	45,639	38,423	49,060
	수출 비중(%)			99	93	78	77
	합계			22,843	49,239	49,012	64,121
기타	국내		936	753	1,615	4,305	12,391
	수출		1,725	2,398	777	1,575	5,334
	수출 비중(%)		65	76	32	27	30
	합계		2,661	3,151	2,392	5,880	17,725
전체	국내		4,017	4,299	14,506	29,767	45,847
	수출		4,260	36,618	56,801	44,421	58,251
	수출 비중(%)	0	51	89	80	60	56
	합계	36	8,277	40,917	71,307	74,188	104,098
R&D 투자비			1,432	4,028	5,624	7,813	7,834
R&D 투자 비율(%)			17	10	8	11	8
자산 규모		80	11,701	55,495	91,454	176,002	215,195
영업 이익			3,404	12,836	18,571	15,528	20,304
영업 이익률(%)			41	31	26	21	20
전체 종업원 수				146	192	225	253
기술 인력	합계			59	66	97	108
	기술 인력 비중(%)			40	34	43	43
Patents(개)				2	7	1	1

03 강소기업 성공의 맥脈을 찾아서
– 무엇이 그들을 강하게 만들었나

지금까지 전자 산업에 속한 4개 월드베스트 강소기업 사례를 살펴보았다. 이들 기업은 사업 영역이나 창업 역사, 성장 경로 등에서 차이가 있기는 하지만 기술력을 바탕으로 세계 시장 점유율 1위로 도약하는 과정에서 여러 공통점을 보이고 있다. 과연 이러한 공통점은 무엇이며 이러한 요인들이 해당 제품 시장 영역에서 세계적인 중소기업으로 도약하는 데 어떻게 도움이 되었는지 규명해 보도록 하자. 특히 기업의 전략과 CEO 리더십, 조직 문화 및 인적 자원 관리 등의 내부 요인과 대기업이나 대학, 연구소 등과의 관계, 금융 시장의 역할과 정부 정책 등 기업을 둘러싸고 있는 외부 환경 요인을 구분하여 월드베스트 강소기업의 핵심 성공 요인을 도출하면 다음과 같다.

세계 1등 업체로의 도약 원인: 기업 내부 요인

월드베스트 강소기업으로 성공할 수 있었던 기업 내부 요인으로는 세계 최고에 대한 비전, 집중된 시장 영역, 최고경영자의 리더십, 기술 혁신과 추월 전략, 조직 문화와 인사 관리 시스템, 국제화 역량, 고객 중심, 다각화 등을 들 수 있다. 이러한 기업 경영 요인은 하나하나가 독립적으로 중요하기보다는 서로 연계되어 통합적으로 추진될 때 월드베스트 강소기업으로서 성공할 수 있는 원동력이 된다.

▷▶ 비전

아모텍과 알에프세미, 이오테크닉스, 그리고 아이디스 모두 해당 분야에서 세계 최고의 기업이 되겠다는 도전적이고 명확한 비전과 목표를 추구하고 있다. 단지 의례적인 구호에 그치는 것이 아니라 '월드 베스트World Best, 월드 퍼스트World First'를 추구하는 아모텍이나 '세계 최고의 종합 보안 솔루션 공급자'를 지향하는 아이디스처럼 기업 사명서에 이러한 비전이 명문화되어 모든 주요 경영 활동에 영향을 미치고 있다. 이오테크닉스나 알에프세미는 비록 명문화되어 있지는 않지만 실제로 최고경영자가 기술 개발 목표 설정과 국제화에 대한 의사 결정을 통해 이러한 의지를 표출하고, 모든 구성원 사이에 세계 최고의 기업으로 성장하겠다는 비전이 공유되고 있는 것을 볼 수 있다. 다시 말하면 월드베스트 강소기업은 최고경영자의 전략적 의지와 이를 실행할 수 있다는 역량에 대한 믿음이 조직 구성원들 사이에 공유되어 있기 때문에 가능했다고 볼 수 있다. 역으로 세계 최고에 대한 꿈과 의지가 없다면 지난한 어려움에 처한 우리 중소기업이 월드베스트 강소기업으로 거듭나는 것은 더욱 어렵다는 것을 반증하기도 한다.

▷▶ 시장

대기업에 비해 자원과 역량이 부족함에도 세계 최고의 기업이 되겠다는 이들 중소기업의 비전과 의지가 현실적인 이유는 사업 영역이 틈새niche 시장을 목표로 하고 있기 때문이다. 틈새시장은 규모가 작아 대기업이 진입하기 어려울 뿐 아니라, 설사 대기업과 경쟁을 하더라도 틈새시장에 집중한 이들 중소기업은 규모의 경제나 기술 경쟁에서 우위를 점할 수 있다. 예를 들어 바리스터 칩과 보안용 DVR 시장 규모는 세계 시장 규모가 5000억 원을 넘지 못하고, 반도체 레이저 마킹 장비 역시 세계 시장 규모가 1500억 원을 넘지 못하며, ECM 칩 규모는 이보다 작아 1000억 원을 넘지 못하는 것으로 추산하고 있다. 따라서 대기업이 이 틈새시장에 자원을 집중하고 우수한 인력을 배치하기에는 시장 규모가 너무 작다. 아이디스의 경우는 처음부터 창업 품목을 선택하는 데 있어 전략적으로 대기업과 직접적인 경쟁을 피할 수 있는 틈새시장을 고려하였다.

또 이들은 틈새시장이라 하더라도 시장을 새롭게 정의함으로써 세계 1등을 달성할 수 있었다. 아이디스는 과거에 없던 시장을 새롭게 개척하는 것이 아니라 이미 존재하던 분야에서 혁신적인 기술을 개발하여 고객의 요구에 철저하게 부응하는 제품을 만들었고, 시장을 재편해서 1위가 되겠다는 전략을 택했다. 아모텍은 반드시 시장에서 필요로 하는 제품을 생산하되 경쟁상대보다 반드시 우위를 확보하는 것을 키포인트로 삼았다. 알에프세미 역시 기술력만으로 성능이 뛰어난 제품을 만들어 놓았다고 해서 잘 팔릴 것이라고 생각하면 오산이라는 말을 했다. '팔리는 제품을 만들기' 위해서는 시장에 대한 철저한 이해와 기술이 유기적으로 결합하지 않으면 안 된다는 사실을 확인할 수 있는 대목이다.

▷▶ **고객 중심**

여기서 소개한 중소기업이 강소기업으로 성장하게 된 배경 중 하나는 거래하는 고객 기업이 모두 해당 산업에서 세계 시장을 선도하는 기업이라는 점과 이들 고객을 경영 활동에 있어 항상 최우선으로 생각했다는 점이다. 강소기업들은 세계적으로 선도 기업의 위치를 차지하고 있는 고객으로부터 시장 추세를 파악하고, 시장 요구에 앞선 차세대 기술 개발에 대한 아이디어를 얻을 수 있었다. 또 이들로부터 항상 원가 및 품질, 기술적 성능에 대한 압력을 받음으로써 세계 최고의 경쟁력을 유지해야 한다는 자극을 받았고, 이는 한 단계 더 도약하고 발전할 수 있는 계기가 되었던 것이다.

또 이들은 고객을 회사가 존재하는 근본적인 이유로 인식하여 기술보다는 고객의 요구를 먼저 수용하고, 깊은 신뢰 관계를 형성해 왔다. 예를 들어 알에프세미는 초창기 제품의 매출이 급감했을 때에도 진심을 다해 기술 관련 서비스를 제공하며 신뢰를 구축하였고, 이는 나중에 고객 관계를 구축하는 데 도움이 되었다. 이처럼 고객에게 필요한 것은 입에 발린 호의가 아니고 진심 어린 정책과 태도일 것이다. 성공한 기업일수록 고객을 중시하는 기업 문화가 철저하다. 판매 사원에서부터 최고경영자에 이르는 전체 구성원들이 고객과 밀접한 관계를 맺고 헌신하는 데 노력을 아끼지 않았고, 그 결과 고객으로부터 새로운 아이디어와 도움을 받을 수 있었던 것이다.

▷▶ **경영자**

강소기업 성공의 원천은 무엇보다도 경영자에게 있다. 왜냐하면 이들은 기업을 만들었을 뿐 아니라 지금도 온몸을 다 바쳐 강소기업이라는 뜨거운 용광로를 지탱하고 이끌어 가는 사람들이기 때문이다. 그들은 속칭 '미쳐야 미친다 不狂不及'는 정신으로 일하고, 하고 싶은 것을 하는 사람들이다. 우리는 '하고 싶은 일'과 '할 수 있는 일'의 차이를 잘 알고 있다. 그리고 보통의 경우, 하고 싶은 일보다 할 수 있는 일을 하며 자신의 삶을 이어 나간다.

그러나 성공한 강소기업의 CEO들은 하고 싶은 것과 할 수 있는 것이 일치했을 뿐만 아니라 여기에 목숨을 걸고 매달렸다. 그들은 자신들이 가장 좋아하면서도 가장 잘할 수 있는 분야의 일로 창업하여 마침내 세계 시장을 석권하였다. 레이저가 좋아서 학창 시절부터 오로지 레이저에만 매달렸다는 이오테크닉스의 성동규 대표가 대표적인 예이다. 그들은 또 그 일을 하기에 적합하도록 단련되었다. 박사학위 또는 연구소를 거쳤거나 해당 분야에서 수십 년을 일하면서 달인의 경지에 오른 전문성은 그들이 창업과 기업 경영을 성공으로 이끈 요소임에 분명하다.

또 최고경영자 자신이 관련 기술 분야의 전문가로서 역량을 갖고 있으며, 외부 기술 발전의 추세를 파악하고 내부 기술을 개발하는 활동에 주도적인 리더십을 발휘하고 있다. 특히 기술과 시장 변화가 매우 빠른 전자 산업에서 최고경영자의 기술적 역량은 해외 시장의 흐름을 이해하고 해외 기술 인력과의 네트워크를 형성하는 데 도움이 되며, 차별적인 제품 및 기술 개발에 대해 올바르고 신속한 판단을 하는 데에도 유리하다. 나아가 최고경영자가 기술 혁신을 주도하거나 개발 과정에 직접 참여함으로써 기술 인력에 대한 역할 모형이 될 수 있고, 이에 따라 기술 인력을 영입하고 기술 위주의 조직 문화를 형성하는 데 긍정적인 효과를 가져올 수 있다.

▷▶ 혁신

혁신은 강소기업이 세계 시장에서 주도적 위치를 구축하는 데 대들보 역할을 하였다. 새로운 제품을 개발하여 새로운 시장을 창출하는 강소기업의 배경에는 혁신이라는 틀이 있었다. 혁신은 기업의 기본적인 지침이며, 혁신을 이루는 데 가장 중요한 요소는 당연히 기술이다. 강소기업이 가진 잠재 능력을 최대한으로 발휘하기 위하여 기술 혁신은 세계를 향하였고, 고객은 혁신적 아이디어의 귀중한 원천이 되었다. 그랬기에 연구 개발 부문에서 일하는 직원들도 고객과 직접 접촉하는 것을 당연하게 생각했고, 여러 기능 간 정보의 틈을 조직적으로 메우고, 고객 의견을 수렴한 즉시 개발을 추진하여 앞으로 나아갈 수 있었다. 강소기업들은 성공적인 혁신에 있어서 조직이나 금융 자원의 문제는 직원들의 사명감, 자질, 기업 문화, 성취 의지보다 결코 중요하지 않다고 단언하고 있다. 이들은 창업 때부터 우수한 기술 역량을 보유하고 있었을 뿐 아니라 지속적인 기술 개발을 통해 제품 성능과 품질, 원가 경쟁력에서 차별적인 전략을 구사함으로써 경쟁에서 우위에 서기 위한 가장 중요한 원천이 혁신임을 분명하게 보여 주고 있다.

▷▶ 추월 전략

이들 기업이 후발 주자의 불리함을 극복하고 세계 1위 기업으로 도약할 수 있었던 핵심적인 이유는 시장 흐름을 예견하고 선도적인 제품 개발을 통한 추월leapfrogging 전략에 성공한 것을 들 수 있다. 해당 제품에서 1등으로 도약하게 된 직접적인 원인은 기존 선도 기업의 제품과 기술을 그대로 모방하고 추격하기보다는, 시장의 흐름과 고객의 요구 사항을 미리 파악하여 기존 선진 제품보다 품질과 가격 측면에서 월등히 우수한 제품을 개발하거나 한 세대 앞선 제품을 개발함으로써 차별화를 도모한 데 있었다. 아모텍은 당시 AVX의 주력 제품이었던 0603제품보다 소형인 0402제품 선행 개발에 성공하였고, 알에프세미 역시 아무도 개발하지 못했던 고감도 ECM 칩 개발에 성공함으로써 후발 주자의 한계를 극복할 수 있었다. 이오테크닉스는 펜타입의 레이저 마커를 최초로 개발하였고, 이어 듀얼헤드 레이저 마커와 멀티빔 레이저 마커 개발에 성공함으로써 지속적인 경쟁 우위를 점할 수 있었다. 아이디스 역시 기존 아날로그형 제품을 디지털 DVR 제품으로 가장 먼저 전환하였고, 이어 PC 기반 DVR에서 독립형 DVR 제품 개발까지 계속해서 성공함으로써 세계를 제패할 수 있었다.

▷▶ 기업 문화와 구성원

기업의 장기적 성공에서 기업 문화가 갖는 의미는 아무리 강조해도 지나치지 않다. 강한 기업 문화는 기업과 종업원 간 일체감을 형성하고 동기를 부여하며 외부에서 새로운 핵심 인재를 영입하고 이직률을 감소시키는 데 도움이 된다. 사실 중소 벤처기업의 처우는 대기업에 비해 열악할 수밖에 없어 핵심 인력의 이직이 빈번한 경우가 많다. 이에 반해 월드베스트 강소기업의 경우 세계 최고 기업에 대한 비전과 사람 중심의 조직 문화를 통해 핵심 기술 인력이 성취감을 느낄 수 있도록 계속적인 도전 기회와 자율성을 제공함으로써 이를 극복하고 있다. 이러한 기업 문화는 바로 최고경영자에 대한 인간적인 신뢰와 사람 중심의 인사 철학으로 인해 형성되었다. 사례 기업의 직원들이 이구동성으로 "우리 사장은 인복이 많은 사람"이라고 이야기하는 것이야말로 이러한 선순환을 단적으로 표현하는 것이라고 할 수 있다. 동일한 비전과 조직 문화를 공유하고 있는 근로자들을 가진 강소기업을 경쟁 업체가 따라잡기란 어려운 법이다.

▷▶ 세계화

강소기업이 되기 위한 또 하나의 조건이 바로 국제화 역량이다. 세계 시장 점유율 1위의 기업이 되기 위해서는 당연히 국내 시장뿐 아니라 해외 시장을 장악하는 것도 필요하다. 그러나 우리 중소기업 현실에서 해외 고객과 성공적으로 협상을 할 수 있는 경험이나 언어 능력, 인맥을 가진 국제화 전문 인력을 보유하기는 매우 어렵다. 그런데 앞서 살펴본 강소기업들은 최고경영자 자신이 직접 해외 출장을 다니면서 발로 뛰어 거래를 협의하고 시장을 확장하는 솔선수범을 보였고, 또 국제화 경험을 가진 외부 인력을 적극적으로 활용했다는 점이 특징이다.

대부분의 강소기업들은 국내보다는 해외에 더 알려져 있고 수출 비중이 전체 매출액의 절반이 넘는다. 이들은 안정적인 수요처로서 국내 대기업에 안주하지 않고 적극적으로 세계 시장으로 진출하여 고객을 다변화하기 위해 노력하였다. 현재 전 세계 300여 군데의 고객망과 14곳의 해외 지사를 보유한 이오테크닉스는 명실공히 세계 레이저 마커 시장의 일인자로 우뚝 서 있다. 사실 세계적 히든 챔피언 기업들은 활동 무대가 대부분 세계 시장이며, 우리나라 월드베스트 강소기업들 역시 중소기업이라도 세계적인 경쟁 기업이 될 수 있다는 것을 잘 보여 주고 있다.

▷▶ 신규 사업 개발

강소기업 성공의 마지막 내적 요인으로는 사업 다각화를 통해 환경 변화에 대응하며, 신성장 동력을 추구하고 있다는 점을 들 수 있다. 월드베스트 강소기업의 사업 다각화는 핵심 기술 분야를 기반으로 한 관련 사업 다각화와 유기적 성장에 중점을 두고 있으며, 비관련 사업 분야로의 다각화를 위해서는 신사업 배태 조직을 별도로 갖거나 M&A를 통해 외부 조직으로 운영하고 있다. 이에 따라 기업의 본업 성장률은 지속적이지만 점진적으로 이루어져 조직 내부 구성원 간 갈등이 별로 없으며 안정적인 조직 문화를 유지할 수 있다. 반면 비관련 분야로 성장하는 경우에는 장기적인 안목에서 사업 포트폴리오를 구성하여 기업 리스크에 대비하고 있음을 볼 수 있다. 최근 양손잡이ambidexterity 조직 이론에서 제안하듯이 기존 사업의 역량을 활용exploitation하는 혁신과 신규 역량 확보를 위한 탐험exploration 활동과의 균형을 통해 사업 다각화 전략을 구사하고 있는 것도 중요한 성공 요인의 하나로 여겨진다.

이러한 강소기업 요건을 <표 24>와 같이 정리할 수 있다. 그러나 강소기업 성공의 핵심은 이 중 하나만 잘한다고 되는 것이 아니라 기업, 구성원, 경영자, 기술의 혁신이 전반에 걸쳐 통합적으로 이루어질 때 보석처럼 빛나게 된다. 그들은 자신들이 추구한 시장에서 세계 최고가 되고, 한번 획득한 지위는 사력을 다해 지킨다는 분명한 목적을 끝까지 추구하고 있다. 그들의 손과 머리는 기술을 지향하고, 마음은 고객과 시장을 향하고 있으며, 제품과 기술의 혁신이라는 무기로 전쟁에 임하고 있다. 그들은 경쟁에서 이기고 있지만 자만하지 않으며 추월하려는 경쟁자를 이기기 위해 노력하고 있다.

중국 전국시대 책략가 한비자는 지도자의 등급을 3가지로 분류하였다. 상급의 지도자는 시대가 바뀌기 전에 선견력을 갖고 미리 예측하여 준비한다고 하였으며, 중급의 지도자는 시대가 바뀐 연후에 시대에 적응하고, 하급의 지도자는 시대가 바뀌어도 변화하지 않는다고 하였다. 대한민국 강소기업의 경영자는 시대를 앞서 예측하고 준비하고 혁신하는 상급의 지도자 정신을 이어받은 사람들이다.

무엇보다 그들은 지속적인 성장을 위해 현실에 안주하지 않고 끊임없이 혁신하며 진화하고 있다. 그들은 진정한 챔피언으로서 중견을 넘어 강대 기업으로 나가기 위해 언제나 초심으로 돌아가 도전하는 정신을 잃지 않고 있는 것이다.

〈표 24〉 강소기업 요건

세계 최고에 대한 비전	세계 최고의 기술력을 가진 강소기업에 대한 명확한 비전과 전략적 의지
집중된 시장 영역	틈새시장을 목표로 함으로써 대기업과의 직접적 경쟁을 피하는 동시에 집중된 영역에서는 차별화된 역량의 우위 유지 가능
고객 중심	해당 산업의 세계 시장을 선도하는 국내외 고객 업체에 집중하고 고객 중심 경영을 함으로써 시장과 기술 흐름을 파악하고 지속적으로 신뢰 관계를 유지함
CEO 리더십	기술적 지식과 전략적 역량뿐 아니라 인간관계에 대한 신뢰와 장기적인 안목을 강조하는 CEO의 리더십
지속적인 기술 혁신을 통한 제품 차별화	우월한 기술 역량과 지속적인 기술 혁신을 통해 제품의 원가, 품질, 납기, 기술적 성능에서 경쟁력을 확보
추월 Leapfrogging 전략	불연속적 혁신 또는 다음 세대로 건너뛰는 전략을 통해 단순히 선진기업을 추격하는 데 그치지 않고 이를 넘어서는 추월 전략을 구사
사람 중심의 조직 문화	사람을 중시하는 인사 철학을 통해 우수한 인력의 영입과 유지가 가능, 이들의 헌신적인 기술 개발과 역량을 발전시키는 조직 문화가 정착됨
세계화	국내 대기업에 대한 의존도를 줄이는 동시에 해외 주요 고객의 확보를 통해 해외 시장이 매출에서 차지하는 비율이 높음
신규 사업 개발 전략	핵심 기술을 기반으로 내부 개발 전략을 통한 관련 사업 다각화와 신사업 배태 조직 또는 M&A를 통한 비관련 사업 다각화의 균형

강소기업 육성을 위한 외부 요인

우리나라 중소기업의 외부 환경은 선진국에 비해 열악하다고들 한다. 그럼에도 월드베스트 강소기업들이 생존할 수 있는 외적 요인이라면 국내 대기업과의 생산적인 관계 유지, 대학이나 연구소와 같은 기술 원천과의 전략적 제휴, 벤처캐피털이나 금융기관, 코스닥과 같은 금융 인프라의 적절한 활용, 그리고 정부 지원 정책의 효과적인 활용 등을 들 수 있다.

▷▶ 대기업과의 관계

우리나라에 세계적인 대기업이 존재하는 것은 월드베스트 강소기업의 탄생과 성장에 양면성을 가지고 있다. 지리적, 문화적으로 가까운 국내에 세계적인 경쟁력을 가진 대기업이 존재함으로써 우리나라 강소기업은 초기 고객과 시장 기회를 직간접적으로 확보할 수 있었고, 지속적인 원가 절감 및 품질 향상에 대한 압력을 받는 동시에 세계 시장의 새로운 추세와 고객의 요구를 파악하는 데도 유리하였다. 나아가 세계적인 경쟁력을 가진 국내 대기업에 납품함으로써 품질과 가격 경쟁력에 대한 보증과 신용을 확보하여 해외 시장으로의 진출에 유리한 고지를 점할 수 있었다.

반면 대기업의 지나친 단기 성과 추구와 원가 절감 압력으로 인해 중소기업이 적정 이윤을 확보하기 어려워지면 지속적인 기술 개발을 위한 여유 자원이 고갈될 위험에 처할 수 있다. 대기업은 경우에 따라서 다른 경쟁 기업에 납품하지 못 하도록 압력을 행사하기도 한다. 이는 결과적으로 중소기업이 장기적인 기술 경쟁력을 유지할 수 없게 될 뿐 아니라 종업원에 대한 경제적 처우가 약화됨으로써 우수한 인력을 영입하고 유지하는 데 어려움을 겪을 수밖에 없으며, 대기업에 종속되는 구조적 문제점이 발생하게 된다.

그런데 여기 소개된 강소기업들은 제품의 특성이나 전략적인 노력을 통하여 모두 국내 대기업에 대한 의존도를 줄이고 고객을 다변화하는 데 성공함으로써 오히려 국내 대기업의 존재가 긍정적인 효과를 가져온 것으로 나타났다.

이러한 결과는 앞으로 월드베스트 강소기업의 육성과 성장을 위해 중요한 시사점을 갖는다. 우선 대기업은 단기적인 시각만으로 중소기업과 폐쇄적이고 수직적인 관계를 갖기보다 장기적인 안목에서 공정하고 수평적인 거래 관계가 정착되도록 노력하는 것이 필요하다. 설사 중소기업과의 공동 기술 개발을 통해 대기업의 기술 노하우가 다른 경쟁 기업에 유출되지 않도록 독점적인 납품을 요구하는 경우에도 일정 기간의 리드타임이 경과된 후에는 시장을 개방함으로써 중소기업이 기술 개발 투자로부터 충분한 수익을 회수할 수 있도록 해 주어야 한다. 특정 대기업에만 납품을 하는 경우 중소기업은 시장 규모가 제한됨으로써 R&D 투자에 대한 유인이 적어질 뿐 아니라 다양한 고객으로부터의 정보가 차단되어 시장 요구를 파악하지 못함으로써 세계적인 경쟁력을 가진 월드베스트 강소기업으로 성장하는 것이 어려워질 수 있다. 공정하고 수평적인 관계를 맺음으로써 대기업 입장에서도 국내 경쟁력 있는 강소기업이 지속적인 기술 혁신을 통해 개발한 품질이 우수하고 원가 경쟁력 있는 부품 및 장비를 확보할 수 있으며, 동시에 해외 납품 업체를 견제하는 장점도 누릴 수 있다.

▷▶ 국내 대학 및 연구소

우리나라 강소기업의 육성에 있어 대학과 출연 연구소의 가장 큰 역할은 우수한 기술 인력을 배출하는 것이다. 대학과 출연 연구소에서 오랫동안 관련 분야의 최신 기술을 습득한 경험을 바탕으로 새로운 혁신형 벤처기업을 창업할 수 있으며, 나아가 우수한 기술 인력을 지속적으로 공급함으로써 강소기업의 창업과 성장에 간접적인 지원을 할 수 있다. 대학이나 출연 연구소는 이론적이고 원천적인 과학 기술의 개발과 최신 기술 발전 추세에 대한 정보 제공을 통해 월드베스트 강소기업을 지원할 수 있다.

그러나 단기적 또는 기술 개발 과제 관점에서 대학이나 연구소와의 산학 협동은 2가지 서로 다른 측면에서 상반된 시사점을 가진다. 부정적인 측면에서는 먼저 중소기업의 차별적 역량이 기업 특유의 기술에 기반을 두고 있는 반면 대학이나 연구소의 경우는 일반적인 기술 개발에 초점을 맞출 수밖에 없고, 또 응용 개발과 상업화에 경쟁력을 가진 중소기업에 비해 대학이나 연구소는 기술의 응용이나 상업화에 대한 경험이 부족하여 항상 중소기업으로부터 2퍼센트 부족하다는 불만을 들을 수밖에 없다. 그리고 강소기업 입장에서는 자신의 강점인 기업 특유의 노하우가 대학이나 연구소를 통해 다른 경쟁 기업으로 유출될 가능성이 높아 꺼려하는 경향이 있다.

반면 새로운 사업에 필요한 신규 기술 개발을 위해서는 산학 협동 프로그램이 유용할 수 있다. 그 이유는 강소기업의 인력이나 자원 제약을 외부 인력과 자원의 활용으로 보완할 수 있으며, 새로운 분야의 기술 획득에 초점을 맞추면 기업이 기존에 갖고 있는 기술 노하우가 유출될 가능성을 낮출 수 있기 때문이다. 따라서 대학이나 연구소가 월드베스트 강소기업에 기여하기 위해서는 우수한 기술 역량을 가진 인력을 많이 배출하고 새로운 기술에 대한 정보와 노하우를 제공하는 데 중점을 두는 것이 바람직하며, 이에 대한 상업화 과정에서는 기업이 주도적인 역할을 해야 한다.

▶▶ 금융 인프라

세계적인 강소기업을 육성하는 데 필요한 요인 중 하나가 금융기관이나 금융 시장의 역할이다. 앞서 살펴본 강소기업의 경우에도 창업 과정에서는 금융기관의 역할이 별로 중요하지 않았으나 이들 기업이 성장하는 과정에서는 재정적인 어려움을 겪는 경우가 많았고, 이때 창업투자회사나 벤처캐피털이 기업 생존에 지대한 역할을 하는 것을 볼 수 있었다. 중소 벤처기업의 재정적인 어려움은 물론 제품의 상업화가 계획대로 되지 않아 현금 흐름이 원활하지 않을 때 많이 발생하지만 아모텍이나 알에프세미에서 보는 것처럼 오히려 수요가 급격히 증가하여 단기간에 대규모의 생산 시설을 확장해야 할 경우에도 발생한다는 것을 알 수 있다.

아모텍처럼 성장 초기부터 창업투자회사나 벤처캐피털과 같은 금융기관에게서 자금 지원을 받거나 아이디스처럼 관련 기업으로부터 투자를 받는 경우에는 비교적 재정적인 안정을 꾀할 수 있으나, 알에프세미와 같이 신뢰 관계를 구축한 고객 기업으로부터 자금 지원을 받는 것은 흔한 일도 아니며 그리 용이해 보이지도 않는다. 중소기업이 일단 코스닥에 등록을 한 후, 투자자의 압력 때문에 단기적인 성과나 과시용으로 비관련 분야로 신사업 개발을 도모하는 것은 월드베스트 강소기업으로 성장하는 데 바람직하지 않은 것으로 나타났다.

또 우리나라의 경우 벤처캐피털이 자금을 빨리 회수하고 리스크를 회피하기 위해 창업 초기보다는 어느 정도 성장을 하여 코스닥에 등록을 할 수 있는 시기나 M&A를 통한 자금 회수가 가능한 시점에서야 투자하는 경향이 있어 창업 초기에 자금을 투자해 줄 수 있는 금융기관의 역할이 필요해 보인다.

▷▶ 정부 정책

　　그동안 우리 정부는 중소기업에 대해 많고 다양한 지원 정책을 시행해 왔다. 특히 외환 위기 이후 벤처기업이나 혁신형 중소기업, 이노비즈의 육성에 중점을 두고 각종 인증과 세금 감면, 기술 개발 자금 지원, 병역특례요원제도를 통한 기술 인력 지원 등을 해 왔다. 이에 따라 서론에서 이미 말했듯이 현재 4만 개가량의 벤처 및 혁신형 중소기업이 인증을 받아 소기의 성과를 거두고 있다. 그러나 월드베스트 강소기업의 창업과 성장 과정에서 정부의 역할은 기여와 한계를 모두 드러냈다. 사례 기업 모두 정부의 기술 개발 지원 정책 자금을 통해 신규 기술을 개발한 경험이 있으며, 병역특례요원제도를 통해 우수한 기술 인력을 지원 받는 등 효과도 있었다. 특히 월드베스트 강소기업이라 하더라도 대학이나 출연 연구소 또는 대기업에 비해 우수한 기술 인력을 확보하기 어려운 현실에서 그나마 병역특례요원제도는 거의 유일한 방법으로 보인다.

　　그러나 이러한 공급 관점의 지원 정책보다 이 기업들이 원하는 것은 자신의 기술과 제품 완성도를 높이는 동시에 향후 국내외 시장을 확대할 수 있는 초기 시장을 제공해 주는 것이다. 즉 세계적인 기술 수준에 도달하기 전까지의 추격 단계에서는 정부가 목표를 갖고 직접적인 기술 지원을 하는 것이 바람직하지만, 일단 이 단계를 넘어 월드베스트 단계가 되면 정부의 간접적인 시장 지원이 필요해진다. 국내에 세계 최초의 초기 시장을 창출하고 이들 기업이 남들보다 먼저 혁신을 시도할 수 있도록 해 줌으로써 해외 시장으로 확산하는 데 디딤돌로 활용하게 하는 정책이 보다 효과적일 수 있다. 특히 아이디스처럼 B2G Business to Government 시장이 가능한 경우 정부가 선도적인 사용자의 역할을 함으로써 우리 강소기업의 경쟁력을 높여 줄 수 있다.

아울러 대기업과의 공정 거래 관행을 정착시키는 엄격한 심판으로서 정부의 역할이 중요해지고 있다. 기본적으로 대기업과 중소기업 간에는 협상력의 차이가 크고, 특히 우리나라와 같이 폐쇄적이고 수직적인 공급자 관계가 지배하고 있는 현실에서는 정부가 장기적인 의지를 갖고 공정한 심판관의 역할을 얼마나 일관되게 지속하느냐가 매우 중요하다. 더구나 대기업에서 비롯된 이러한 갑을 관계의 거래 관행은 2차, 3차 공급자 관계까지 확산되고 있으며, 이는 상호 신뢰와 장기적인 상생을 기반으로 한 고객 기업과 공급자 간 공동 기술 개발 노력을 저해하고, 나아가 공급자 생태계 간 노하우 공유를 통한 경쟁력 강화에도 부정적인 영향을 미친다. 최근 선진국의 경우 고객과 공급 업체 간 신뢰를 기반으로 한 공동체 관계가 상호 지식 공유와 혁신 공유를 촉진시킴으로써 사회 후생social welfare과 기업 경쟁력을 동시에 높이는 사례가 보고되고 있다.

강소기업이 되기 위한 선결 조건 중 하나는 국제화 또는 세계 시장의 개척인데, 중소기업의 경우 언어 능력과 국제화 경험 및 인맥을 가진 인력이 턱없이 부족하다. 현재 대기업들이 1970~1980년대에 우수한 인력들을 유입하여 세계 시장에서 갖은 시행착오와 노력을 거친 끝에 세계적인 기업으로 성장했듯이 우리 강소기업에도 이러한 국제화 인력들의 활발한 활동이 필요하다. 그러나 처우와 향후 경력 개발 면에서 열악한 중소기업에 이러한 국제화 인력이 영입되기는 당분간 쉽지 않으므로, 해외 시장 개척을 위해 설립한 대한무역투자진흥공사KOTRA를 활용하거나 각 지역 전문가 네트워크를 형성하여 지원하는 방안을 고려해야 한다. 특히 전자 산업 분야 중소기업의 경우 대부분 부품이나 장비 업체인데 이들의 고객은 주로 동아시아에 집중되어 있어 다른 지역에 비해 상대적으로 거리나 문화적인 격차가 적다. 이 경우 정부가 중국이나 다른 지역 전문가 풀pool을 형성하여 시장 진출과 사업 지원 서비스에 대한 보상을 제공하고, 해당 기업이 지역 전문가를 직접 채용하거나 계약 관계를 맺을 때 이에 소요되는 비용의 일부를 지원하는 방안도 고려할 수 있겠다.

| 에필로그 |

대한민국 강소기업, 세계로 미래로

　　우리 속담에 "작은 고추가 맵다."는 말이 있다. 이것은 본디 고추의 매운맛은 크기와는 별개의 문제라는 함축적인 의미를 가지고 있다. 만만하게 보고 덥석 물기라도 하는 날에는 혀끝이 아려 오고 눈물이 핑 돌 정도로 호된 맛을 경험할 수 있다는 경고의 말이기도 하다.

　　월드베스트 강소기업. 이들은 약육강식의 철저한 생존 논리가 지배하는 세계 시장이라는 정글에서 작은 몸집으로 글로벌 대기업과 당당하게 경쟁하고 있는 이른바 '작은 고추'이다. 심지어 대기업이 감히 흉내조차 낼 수 없는 독보적인 기술력을 바탕으로 세계 시장을 선도하고 있는 '매운 고추'이기도 하다. 그래서 우리가 알아야 할 중요한 사실은 삼성, 현대 같은 대기업이 아닌 중소기업도 세계 일류 기업이 될 수 있으며, 이미 생각보다 많은 기업들이 월드베스트 강소기업으로 성장하고 있다는 것이다.

국내 중소기업은 사실 국내 사업체 전체의 99퍼센트, 고용의 76퍼센트라는 상징적인 의미 이상의 책임과 미래 비전을 내포하고 있다. 하지만 대다수 국민들은 중소기업에 대한 오해와 편견을 가지고 있고, 특히 청년 실업 인구가 300만 명을 넘어서는 시점에도 중소기업에 대한 취업 기피는 여전하다. 이런 척박한 경영 환경 속에서도 묵묵히 글로벌 경쟁에서 살아남아 대등한 위치를 차지하기 위해, 또 월드베스트라는 타이틀을 유지하기 위해 연구 개발과 철저한 품질에 기반한 제품 생산에 땀 흘리는 중소기업의 내일을 보여 준다는 것은 매우 의미 있는 일이라고 할 것이다.

대기업과 중소기업은 사실 한 국가의 경제를 떠받치는 양대 기둥과도 같다. 대기업이 하나의 굵직한 기둥으로 국민 경제라는 넓은 처마의 한 부분을 떠받치고 있다면, 중소기업이라는 수백 수천 가닥의 작은 줄기는 물 한 방울 들어갈 틈 없이 촘촘히 얽히고 설켜 기둥을 만들고 엮여 있다고 할 수 있다. 물론 세계적인 경쟁력과 브랜드 가치를 지닌 대기업이 대한민국에 많이 존재한다는 것은 국가적 자산이며, 국민의 자부심이자 축복일 것이다. 하지만 대기업만으로는 부족하다. 나머지 절반의 가치 이상을 만드는 것은 결국 중소기업이다. 이것이 중소기업이 필요한 이유이다. 세계 그 어떤 나라도 제대로 된 중소기업 없이 대기업만으로 경제를 지탱할 수 없다는 것은 명확한 사실이며, 그중 우리나라의 새로운 경제 성장의 핵심이 월드베스트 강소기업인 것이다.

일찍이 영국의 경제학자인 슈마허Ernst Friedrich Schumacher가 펴낸 『작은 것이 아름답다』라는 책은 소위 '크게 더 크게' 논리로 규모의 경제가 강조되던 1970년대 초에 이미 작은 것의 중요성을 피력하고 있다. 기업 간 양극화가 심화되고 중소기업들이 휘청거리는 한국 경제가 지금 주목해야 할 문장이다. 일본이 10년 불황을 이겨 낸 근원은 강한 허리, 즉 강한 중소기업에 있다는 말을 자주 한다. 일본의 강소기업은 전체 경제의 10퍼센트 이상을 차지하고 있다. 초일류 강소기업이 존재하지 않고서 초일류 대기업은 더 이상 생겨나지 않는다. 강소기업이 많아야 국가 경쟁력이 제고될 수 있는 것이다.

그러나 작은 기업들이 경쟁력을 확보하는 것은 앞서 본 것처럼 결코 쉬운 일이 아니다. 작은 기업들은 규모의 경제를 통한 원가 절감이 어렵고, 더군다나 기존의 룰에서 시장 지배력을 갖는 것도 힘들다. 따라서 작은 기업들이 성공하기 위해서는 남들과는 다른 무엇인가가 있어야만 한다. 그것을 우리는 전자 부품 장비 분야 4대 강소기업을 통해서 확인하였다.

그들은 묵묵히 한 우물만 팠다. 그들이 제품 설명을 할 때 공통 수식어는 "00에 있어서는 우리가 세계 최고다!"이다. 이처럼 그들의 성공 비결은 외길을 꿋꿋이 걸어와 일가를 이루었다는 데 있다. 유사 업체, 동종 업체가 이리저리 찔러 보며 사업 다각화에 나설 때도 자신들이 100퍼센트 이상 자신 있는 진짜가 아니면 만들지 않았다. 한 분야에서 최고로 인정받는 것, 다시 말해 한 우물을 파는 것이 바로 알짜 기업들의 단순하지만 가장 강력한 전략인 셈이다.

2010년 4월 '이노비즈 글로벌 포럼 2010 IGF2010' 참석차 방한한 헤르만 지몬 박사는 포럼 개회식에 앞서 <헤럴드경제>와 가진 인터뷰에서 "한국의 중소기업은 기술 잠재력은 충분하지만 아직까지 언어 장벽을 비롯, 국제화 시대에 맞는 정신 Mental Globalization 등이 부족하다."고 지적하였다. 이 말은 결국 한국 강소기업의 기술 경쟁력은 세계적으로 뛰어나지만 한 단계 더 도약하기 위해서는 세계와 소통할 수 있는 능력이 뒷받침되어야 한다는 의미일 것이다. 이 말 속에는 외국과 비즈니스하는 데 두려움이 없고 국제적인 문화를 다양하게 경험하여 감각을 지닌 젊은 인재가 강소기업에 반드시 필요하다는 뜻이기도 하다.

여기에는 빠른 시장 변화에 적극 대응하는 유연성과 시장 변화를 이끌면서 신제품을 만들어 내는 기술력이 필수적인 요소일 것이다. 그리고 그 기술력은 세계 시장과 동떨어지지 않은 철저한 사업 지향적인 기술력을 의미할 것이다. 아무리 좋은 기술이라도 시장에서 받아들여지지 않으면 소용이 없기 때문이다.

지금까지 우리는 대한민국 강소기업들의 성공을 향한 도전과 그 비결을 4대 강소기업을 통하여 살펴보았다.

춘추시대 제나라의 재상이며 '관포지교管鮑之交'로 유명한 관중管仲이 지은 『관자管子』라는 책에 이런 말이 있다.

一年之計, 莫如樹穀 일년지계 막여수곡
　　한 해를 위한 계획으로는 곡식穀食을 심는 것 만한 것이 없고
十年之計, 莫如樹木 십년지계 막여수목
　　십 년을 위한 계획으로는 나무를 심는 것 만한 것이 없고
終身之計 莫如樹人 종신지계 막여수인
　　평생의 계획으로는 사람을 심는 것 만한 것이 없다

곡식은 대개 1년 단위로 다시 반복해서 파종할 수 있어 곡식 심는 일은 1년 동안 할 수 있는 계획 가운데 가장 중요한 일이다. 나무는 10년쯤 되면

베어서 쓸 수 있기 때문에 10년 정도의 시간이 있을 때는 나무를 심는 일이 중요하다. 사람을 교육하여 길러 내는 일은 사람의 한평생을 필요로 한다. 이 세상은 결국 사람이 움직이기 때문에 다음 세대를 잘되게 하기 위해서는 교육이 필요한 것이다. 그래서 평생 동안 해야 할 중요한 일은 사람을 심는 일이라는 뜻이다. 한 나라의 경제 역시도 예외는 없다. 그리고 그 경제의 종신지계는 결국 강소기업에서 출발해야 할 것이다. 노력 없이 그냥 만들어지는 것은 이 세상에 하나도 없다. '성공'의 반대말은 '실패'가 아니고 '도전하지 않는 것'이라고 한다. 좁은 우물 안이 아니라 세계라는 넓은 바다로 나아갈 우리 경제는 지금 그 무엇보다도 세계 시장을 제패할 수 있는 강소기업들이 절실한 때에 와 있다.

| 참고문헌 |

┃프롤로그

중소기업중앙회, 중소기업 위상 지표, 2010.5

중소기업청, 혁신형 중소기업 현황 자료, 2010

중소기업청-중소기업연구원, 중소기업청 10년사, 2006

┃한국 경제의 새로운 미래, 강소기업

Hermann Simon, Hidden Champions, Boston: Harvard Business School Press, 1996
(최근 더 보완된 번역본은 헤르만 지몬, 히든 챔피언: 세계 시장을 제패한 숨은 1등 기업의 비밀, 이미옥 역, 흐름출판, 2008)

Jim Collins, Good to Great: Why Some Companies Make the Leap and Others Don't, Harper Collins, 2001(짐 콜린스, 좋은 기업을 넘어 위대한 기업으로, 이무열 역, 김영사, 2002)

┃전자 산업 4대 강소기업 성공 분석

통계청, 제조업 생산 능력 및 가동률 지수, 2000~2009

통계청, 산업 중분류 자료 가공, 1999~2006

한국전자정보통신산업진흥회, 연도별 부문별 수급 통계, 1998~2006

아모텍

아모텍 홈페이지

금융감독원, 아모텍 연간 사업 보고서, 2003~2010

아모텍 내부 자료

산업은행경제연구소, 산업 이슈, 2009

기업은행, 부품 소재 산업의 현황과 정책 방향, 2008

김병규, 결단의 순간들, 아모텍 기업 홈페이지, 2007

산업자원부, 부품 소재 산업 발전 전략, 2005

부국증권, 아모텍 기업 분석 보고서, 2004

알에프세미

알에프세미 홈페이지

금융감독원, 알에프세미 연간 사업 보고서, 2007~2010

알에프세미 내부 자료

동양종합금융증권, 알에프세미 탐방 메모, 2009

현대경제연구원, 한국을 이끌 9대 부품 소재 산업, 2009

무역위원회, 전자 세라믹 산업 경쟁력 조사, 2006

Wikipedia, BrushlessDCelectricmotor, http://en.wikipedia.org/wiki/BLDC, June. 2004

서형무, "마이크(Microphone)의 종류와 특성 그 용례에 관하여", 서울종합예술학교 네이버 블로그, June. 2004

이오테크닉스

이오테크닉스 홈페이지

금융감독원, 이오테크닉스 연간 사업 보고서, 2007~2010

이오테크닉스 내부 자료

강우란 · 박성민, 혁신의 리더들 - 통합 리더십으로 혁신하라, 삼성경제연구소, 2009

| 아이디스

아이디스 홈페이지

금융감독원, 아이디스 연간 사업 보고서, 2007~2010

아이디스 내부 자료

신동아, '더 안전하게, 더 편안하게' 첨단 디지털 영상 녹화 장치로 소리 없이 세상을 변화시킨다, 동아일보, 2010년 3월호

곽경필 · 노현철 · 현병기, 아이디스 10년사, 아이디스, 2007

| 대한민국 강소기업, 세계로 미래로

헤럴드경제, "한국 '히든 챔피언' 양산 관건은 '글로벌 마인드,'" 2010.4.23

Ernst Friedrich Schumacher, Small Is Beautiful: Economics z if People Mattered, Harper Perennial; 2nd edition, 1989. 에른스트 슈마허, 작은 것이 아름답다: 인간 중심의 경제를 위하여, 이상호 역, 문예출판사, 2002